THE PHOTO ARK VANISHING

珍稀动物全书

美国国家地理“影像方舟”

[美]乔尔·萨托（Joel Sartore）著
王维 胡晗 译

江苏凤凰科学技术出版社

图书在版编目（CIP）数据

珍稀动物全书：美国国家地理“影像方舟” /（美）乔尔·萨托著；王维，胡晗译. -- 南京：江苏凤凰科学技术出版社，2019.11（2023.10 重印）

ISBN 978-7-5537-6053-7

Ⅰ. ①珍… Ⅱ. ①乔… ②王… ③胡… Ⅲ. ①珍稀动物—摄影集 Ⅳ. ① Q95-64

中国版本图书馆 CIP 数据核字 (2019) 第 205715 号

珍稀动物全书：美国国家地理“影像方舟”

著　　者	［美］乔尔·萨托（Joel Sartore）
译　　者	王　维　胡　晗
责任编辑	沙玲玲
助理编辑	刘小月
责任校对	仲　敏
责任监制	刘文洋
出版发行	江苏凤凰科学技术出版社
出版社地址	南京市湖南路 1 号 A 楼，邮编：210009
出版社网址	http://www.pspress.cn
印　　刷	南京新世纪联盟印务有限公司
开　　本	787mm × 1092mm　1/12
印　　张	33
字　　数	360 000
插　　页	4
版　　次	2019 年 11 月第 1 版
印　　次	2023 年 10 月第 8 次印刷
标准书号	ISBN 978-7-5537-6053-7
定　　价	258.00 元（精）

图书如有印装质量问题，可随时向我社印务部调换。

This edition is published by Beijing Highlight Press Co., Ltd under licensing agreement with National Geographic Partners, LLC arranged by Big Apple Agency, INC., Labuan, Malaysia.

江苏省版权局著作权合同登记 10-2019-095

CONTENTS / 目 录

序

动物是人类所热爱的，其实人自己就是动物，也许有天然的亲切感吧。不过，在今天的世界上要想亲眼看见野生动物，尤其是那些大型的哺乳动物，除非前往专门的保护区，否则已经非常困难。我们对被形容为“大象漫步”的密集战斗机队列都不太感到惊奇，因为这不难见到，反而是难以见到成规模的真正的大象群体活动了。所以，许多人都是通过影像喜欢上了形形色色的野生动物，欣赏它们在自然界中的姿态和行为。

我也是从小就喜欢动物，甚至想长大后到动物园去当饲养员。那时只能在少量书籍上看见有很少的线描图案，还想方设法找来透明纸把这些动物临摹下来。后来，我在 1980 年考进大学后，无意中在图书馆发现了有着特征性黄色边框的美国《国家地理》杂志，在其中看到不少精美的野生动物图片，对这本杂志也从此喜爱有加。

本来我很高兴能够有机会，也很荣幸为这本《国家地理》资助拍摄和出版的《珍稀动物全书》作序，然而内心却非常矛盾。因为，一方面我们能够欣赏这些为动物拍摄的杰作，另一方面来讲，本书的主角们都是濒临绝灭或者已经绝灭的动物。从各章的标题我们就能深深感受到这种无奈：“远去的幽灵”“消逝”“衰落”“黯淡”，这些词语的选择已经将作者和译者的忧思传达给了我们。

大家一定还能记起 2018 年 3 月 19 日，最后一头北方亚种的雄性白犀离我们而去所引起的全球震动，也时常会看到因为药用和食用穿山甲而造成其种群锐减的冲击性新闻。大家可以从原书作者乔尔·萨托撰写的导言中读到北白犀的悲伤故事，当他去拍摄时，地球上还有 5 头北白犀，但随着最后的雄性北白犀的死亡，仅剩下的一对母女已经无法在末路上止住脚步。在传统医学中，穿山甲的鳞片被误认为可以治疗多种疾病，还有人标榜穿山甲的肉是野味中的极品，由此导致对穿山甲的疯狂捕猎，将它们一步步推到了绝灭的悬崖边。从本书中我们惊悉，仅在过去的 10 年间就有近 100 万只穿山甲被拖出了亚洲和非洲的丛林，贩卖到中国和越南。因此，有识之士纷纷呼吁各国政府能够全面禁止穿山甲制品的贸易。

众所周知，几乎所有的人都喜欢大自然和其中的动

瑟温卡斯水蛙（*Telmatobius yuracare*），易危

10 多年以来，人们所知的瑟温卡斯水蛙，就只有罗密欧（左图）这一只。不过在 2018 年末的野外考察期间，科学家们在野外又发现五只个体，使该物种的未来焕发出希望。罗密欧的伴侣朱丽叶，正是右图上这只。

那么，动物灭绝后，我们会失去什么？我们可以用这样一个角度来看待物种：无论是猿猴还是蚂蚁，每一个物种都是一份答案，它帮我们解答，如何才能在地球上生活。从这个角度看来，一个物种的基因组，就是一本解答指南。当这个物种灭亡时，这份解答也随即丢失。由此可见，我们正在摧毁一座图书馆——收藏着营生典籍的图书馆。威尔森没有使用“人类世”这种说法，而是把我们即将进入的时代称为“孤独世”（Eremozoic）——孤寂的时代。

过去 15 年以来，乔尔·萨托一直在拍摄被圈养的动物。越来越多饲养在动物园里或是在特殊繁育场所中的个体成了该物种为数不多的遗留成员，甚至某些时候，就代表该物种最后的幸存个体。有只居住在亚特兰大植物园里的蛙，名叫“小硬汉”（Touphie），是一只来自巴拿马中部的巴拿马树蛙。当真菌疾病席卷其原生栖息地，而试图圈养和繁殖巴拿马树蛙的计划失败后，它便成了该物种的最后一个已知成员。“小硬汉”在 2016 年死去，于是巴拿马树蛙可能也就此灭绝了。

生活在玻利维亚科恰班巴（Cochabamba）自然历史博物馆的一只瑟温卡斯水蛙，名叫“罗密欧”，同样被认为是孤独的幸存者。那里的科学家为罗密欧创建了一个在线主页，它的档案信息链接到了一个捐助网页，所筹集到的 25 000 美元用于资助在安第斯山脉东部的野外考察，那里曾生活着这种蛙类丰富的种群。令人惊喜的是，野外考察找到了瑟温卡斯水蛙的另外五只个体，两雄三雌。它们统统被带回了科恰班巴，其中包括一只性成熟的雌蛙，可以与罗密欧交配，所以科学家们给它取名叫“朱丽叶”。没有人知道，朱丽叶能否成为一位称职的伴侣，让这个物种得以延续。即便它们能产下后代，这种蛙类的种群维系能力，依然十分脆弱。

巴拿马树蛙长得有那么好看吗？它的外表远比不上小蓝金刚鹦鹉（人们相信，它们已经野外灭绝），也没有金叶猴（濒临灭绝）那样华丽。但是，就凭那动人的乌黑双眼，还有那纤细修长的四肢，它也有着独特的魅力。乔尔·萨托以崇敬的态度对待所有生物，无论它们或庞大或微小，是美丽英俊还是暗淡寻常。我想说，他的照片捕捉到了奇丽的形象，传递着对每一个生物满满的深情。本书中我最喜欢的一幅影像，是那只留下黏液痕迹的帕图蜗牛。在南太平洋地区，曾经有着数十种帕图蜗牛，占据着不同的岛屿和生态位。就像达尔文雀一样，这些蜗牛是演化生物学家的宠儿——一幅幅拖着黏液的、活生生的插图，展示着自然选择的力量。然而，从中美洲引进的蜗牛导致了大部分帕图蜗牛科物种的灭绝，除了一些在人工饲育项目中留下来的幸存者。

正是因为当代发生的灭绝事件如此频繁，我们已经习以为常了。而又正是这份对灭绝事件的司空见惯，更突显出乔尔·萨托所做的工作是如此重要。通过他的影像，我们可以看到每个正在消失的物种是这般非凡。也许通过认识到我们生活在一个非正常的时期，大家会着手去创造一派不同的景象——在为时未晚之际，竭尽全力，去守护这美妙的生物多样性。

右图：黑脚企鹅（*Spheniscus demersus*），濒危

20世纪40年代

被捕猎导致区域性灭绝

巴巴里狮（*Panthera leo leo*），易危

在非洲北部，狮子曾经很常见。但由于遭到了严重的猎杀，以至于它们在该区域已经销声匿迹。很多大型猫科动物在撒哈拉以南非洲地区幸存，却也持续地受到了捕猎和栖息地丧失的威胁。

博氏镖鲈（*Etheostoma boschungi*），濒危

这种小鱼原产于从田纳西州到亚拉巴马州的淡水溪流中。农业与开发导致该地区的很多溪流干涸，或是被严重污染，已不再适合鱼类生存。

导 言

乔尔·萨托

2018 年的深秋，我开车途经捷克，前往拉贝河畔皇宫镇（Dvůr Králové）动物园。这里的乡村看起来像是穿越到了另一个时代，石头村舍和农场排得整整齐齐，铺满了大地。

灰色的云层，仿佛将曲曲折折的乡村包裹在层层叠叠的幕布里，一路上都需要开着车头大灯。看样子，这条路上只有我一个人。不过一想到我即将见到的场面，这样的天气倒是非常应景——我要去探望纳比雷（Nabire）的遗体，那是仅存的北白犀之一。

三年前，我在动物园里拍摄了它的照片，当时地球上只剩下五只北白犀。即便如此，它也时日无多了。它太年迈了，兽医已经不敢去摘除它体内积水的囊肿，因此预计它已撑不了太久。

一位看着纳比雷从小长大的饲养员拿着它喜欢吃的绿叶饲料来鼓励它，把它带进我们在动物园设置的拍摄场地，背后衬着黑色的天鹅绒窗帘。在照片拍摄期间，它表现得舒适而安详，还允许我们穿过围栏，去抚摸它的犀牛角。拍摄结束后，它躺下打了个盹儿。一周后，它便由于体内的一个囊肿破裂而死去了。

那天下午，我就这样一边走向动物园宏伟的老博物馆，一边回想着曾经发生过的一切。天早就黑了，那里已经没有其他游客。我对将要看到的场景感到恐惧，上一次有同样感受，还是看见我的母亲安放在殡仪馆里的时候。

在博物馆内，我绕到它所在的一隅。正如标本剥制师所形容的，它或者至少说它的身体就在那里。它脸上的褶皱现在大部分都被抚平了，眼睛也换成了玻璃做的义眼。防止游客触摸的小链子，仿佛也将它困在原位。具有讽刺意味的是，它被美丽的图画所包围，这些图画描绘的正是让地球引以为傲的生命演替。

我坐在相邻的房间里，透过门廊，就能看到它，而我的眼中已噙满泪水。

对于那些关心它的人所付出的种种，无论是饲养喂食工作，还是撰写新闻故事，或是为照看它而彻夜无眠的日子，这一切都将以它的离去而告终。这就是灭绝实实在在的模样：博物馆里被填充物撑起的皮囊。

在撰写本文时，世界上只剩下两只北白犀，那是居住在肯尼亚栏舍里的一对母女，刚刚脱离死亡的深渊。这两只雌性北白犀是这个物种的最后遗孤。幸运的是，我们及时找到了它们。

北白犀的濒临灭绝不是个例，我在这几年中遇到了很多动物，从蛙类到鸟类，从灵长类到无脊椎动物，对

左图：北白犀（*Ceratotherium simum cottoni*），极危

于这些动物而言，留给它们的日子几乎是寥寥无几。就连有些昆虫都快消失了，在这个星球上，我们所面临的处境是有多么的水深火热?

当我们继续下一个闪亮的人类新举措之前，难道不应该对此情此景有所反思吗? 毕竟，我们自身的生存也恰恰依赖于地球。

街上的大多数路人都不会意识到，虽然我们需要大自然，但大自然并不需要我们。无论人类存亡与否，地球都照样会继续转下去。出于成千上万的原因，我们必须别无他选地保护好大自然。我们需要适当时间的适量降雨量来种植庄稼，我们需要两极的冰来调节温度，我们需要健康的森林和海洋来产生维持呼吸的氧气，我们需要昆虫传粉而收获水果和蔬菜。解决方案很简单，但很不容易：我们必须从此时此刻起，拯救大片的栖息地，来使地球的生命支持系统保持稳定。

然而，在一个充斥着名人、网红，热衷于对着智能手机微笑自拍的世界里，我们会及时警醒，来拯救自己吗? 这是我们这个时代最大的问题，也是我在实施“影像方舟”(Photo Ark) 计划时，经常面对的困扰。

北白犀纳比雷就是众多案例之一。我每个月在拍摄时，都能看到它。动物看护人都知道，一个物种的命运在什么时候看起来很悲惨。每位看护人都像一位充满爱心的家庭医生，他们把我拉到一边，低声耳语：“我很高兴你能及时赶到这里。”

当我面对每一只被认为是“世界上最后一只”的动物，看着它们的眼睛时，总会心生一种可怕而压抑的感觉。那一个个“最后个体”是我还未来得及去解读的生命史诗，但其消失的趋势又不可逆转。无论失去一只老虎，还是失去一只麻雀，都是同样悲惨的故事。我们如何去说服大家，来拯救我们身边看似微不足道的生灵——比如说，一只小小的蛙类和它所居住的山涧? 又怎样让大家意识到，这件事在眼下是多么的必要而迫切?

人口数量在呈指数级增长，最终到达 100 亿 ~ 110 亿。当我们自己，以及我们种植的谷物和圈养的牲畜向四处扩张时，我们会将丛林、沼泽、苔原、草原和其他一切区域，转变为农场、牧场、工厂、道路和城市。在当今地球上哺乳动物的生物总量中，野生兽类所占比例不到 10%，其余的就都是我们人类自己，还有我们食用的猪牛羊等牲畜。

一旦栖息地丧失，大多数野生动物都无法生存。当然，我们可能还会有郊狼、松鼠、乌鸦和椋鸟，它们通过适应人造环境而发展壮大。但是，很多物种已经演化出特定的适应性——比如以特定的植物为食，或者在特定的时间及特定地域来抚育后代。对于这些物种而言，生活将变得极为不易，因为这些特定环境将会彻底消失。

不过话又说回来，如今恰恰是人类历史上，能帮助和拯救地球的最佳时期。一方面是由于有太多的物种和地区面临威胁，另一方面也幸亏互联网使通讯大为便捷。我们因此得以让世界各地的人们，实时了解哪些物种的生存受到严重威胁，从而让有需要的地方，都有人们用关爱来填补这里的创伤。这种便利的情境，给我带来了无限憧憬。

每次外出组织“影像方舟”拍摄时，我都会遇到野生动物保护领域的真心英雄。他们每年都在满负荷工作，致力于保护物种和栖息地。他们争分夺秒，力求让社会上其他人也意识到，所有生命的未来都是相互关联的。

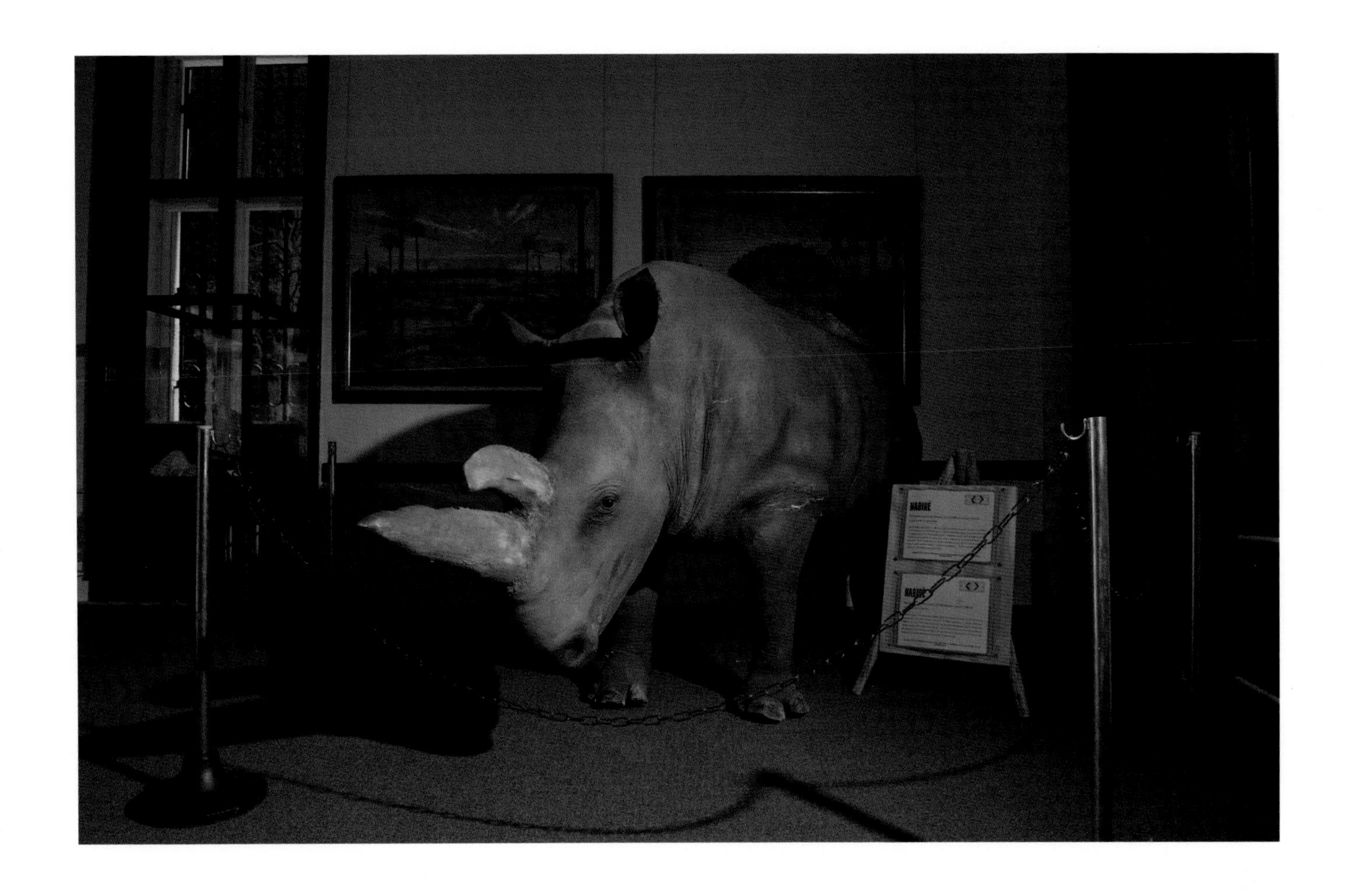

他们竭尽全力地与时间赛跑，去维持生物的多样性。

话说到这，不妨让我们聊聊你自己。

你会在这番拯救行动中替补出场吗？你会行动起来，到周边的生活环境中找出那些需要帮助的对象，然后实际做些什么吗？可以从这样的思考开始：你最喜欢什么，你最不想失去什么？也许你可以建议你所在的城市种植本土植物，以便在公园和公路旁培育当地昆虫。当然，绿化区域应杜绝使用任何化学药剂。也许你可以时刻提醒自己，你所钟爱的家猫是敏捷的掠食者，最好把它们留在室内而避免捕杀野生的雀鸟。

上图：如今的纳比雷，剥制标本存放于捷克的拉贝河畔皇宫镇动物园的博物馆

也许可以从自己的家里开始，然后鼓励你所在的社区，在窗户上贴上特殊贴纸，来保护鸟类，以免它们撞上玻璃。

有成百上千的举手之劳，是你可以付诸实践的。比如增加居所墙壁的隔热性，从而减少取暖所使用的化石燃料和制冷所需的能耗；少吃肉类，从而有助于减少在饲养牲畜时，对碳、化学品和水的过度使用；少买一些不必要的东西，并重复和回收循环使用你已购买的物品。

此刻行动，为时不晚。

借助“影像方舟”计划，我正在时时刻刻、尽己所能地改善现状。

你愿与我并肩同行吗？

亚马孙海牛（*Trichechus inunguis*），易危

世界上唯一的一种淡水海牛，这种南美洲的海兽在潮湿的季节生活在洪水淹没的河床，而到了旱季会游到深水湖泊。当地人会猎捕并取食它们的肉，而近年的干旱更使它们踪影难觅。

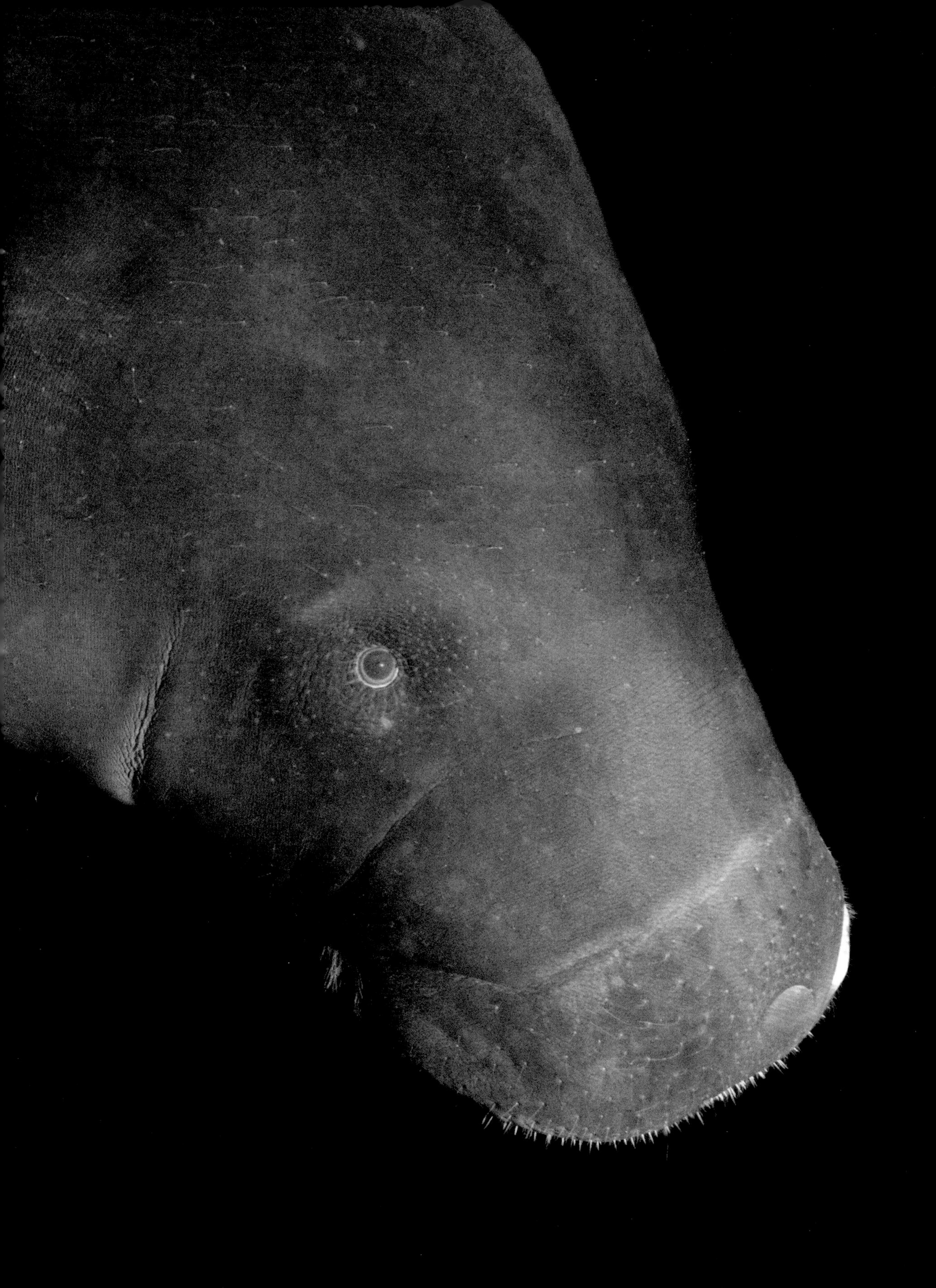

马来穿山甲（*Manis javanica*），极危

世界上有八种穿山甲，生活在东南亚的马来穿山甲是其中最危在旦夕的一种。一只穿山甲身上具有多达 1 000 枚鳞片，而在民间医学中，穿山甲的鳞片被误认为可以治疗多种疾病。

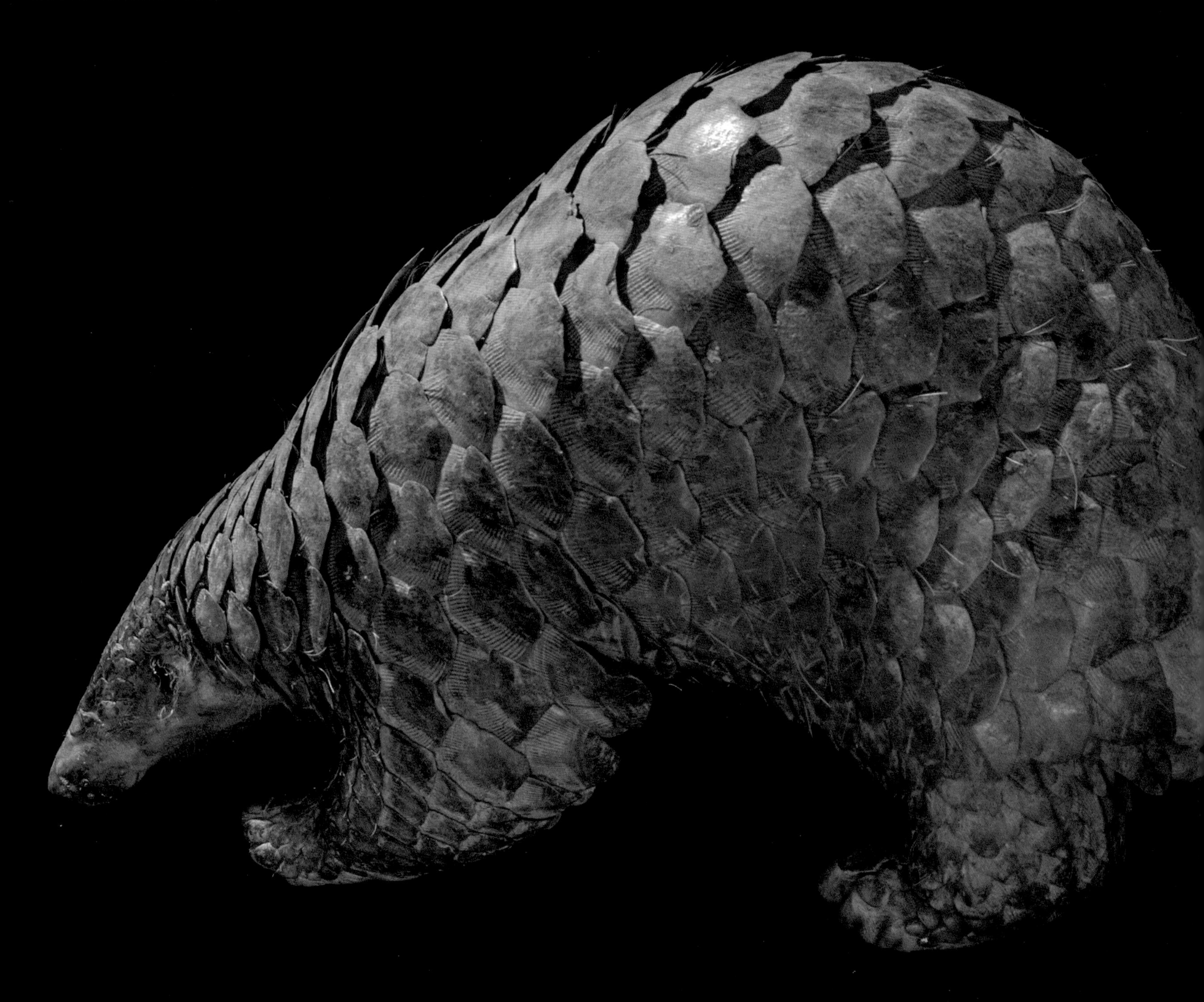

1975—2011 年间，由于民间医学和野味消费促使的非法盗猎，导致马来穿山甲的死亡数达到了

500 000 只

关于 IUCN 红色名录：物种晴雨表

没有人确切知道如今有多少种植物和动物，以我们这个星球为家。科学家命名的现代物种不到 200 万，但实际数字可能在 600 万到 20 亿之间。全球的物种多样性是那样的丰富而神秘，且处于威胁之中。

即使还有新的物种不断被科学家们发现，但对于那些几十年前或几个世纪前就知晓的动物，科学家们也会争分夺秒地研究有关它们的重要问题。这些生物是谁？它们如何生活？有什么压力在威胁着它们的生存？我们如何拯救那些正在从世界上逐渐消失的物种呢？

国际自然保护联盟（IUCN）是这些问题的全球权威。自 1964 年以来，科学家们通过评估近 10 万个物种的灭绝风险，来梳理出在这个世界上存在的所有物种的巨幅清单。濒危物种红色名录（Red List of Threatened Species）便是这项工作为大众所周知的成果，名录描绘出了全球生物多样性的景象，并为衡量动物未来种群趋势的变化提供了参考。红色名录很引人注目，揭示出一个令人不安的事实：受到评估的所有物种中，大约有四分之一（超过 26 000 种）面临着灭绝的威胁。

红色名录很烦琐，但其框架很简单。每个物种或亚种被归入了一个受威胁的登记类别，如右页所示。那些由于我们对其知之甚少，而无法正式评估的物种，被科学家们归类为数据缺乏。科学家尚未评估的物种被归类为未评估，可能有数万种已知物种还未被评估。

随着科学研究的推进，红色名录也在继续补充和发展。至今，几乎所有的哺乳类、鸟类和两栖类都被评估在案。科学家们每年都会添加新的动物，比如刚被列入名单的德氏弓趾虎（Durrell's night gecko），一种只生活在毛里求斯岛上的弱小爬行动物。科学家们不断地在重新评估一些物种，偶尔会遇到一些令人振奋的情况，山地大猩猩就是个例子。由于多方合作努力保育，这些大猩猩在 2018 年从“极危”降级到了“濒危”。持续的调查也会带来令人担忧的不利消息，有时科学家发现某个物种的整个种群，比如鲈形目的石斑鱼类，比以前估计的灭绝风险更大。

但红色名录不只是一个深刻的科学调查结果。在谈及物种保育时，它也是各国和各大洲的共同语言。科学家、政府官员、环保主义者、记者和私人组织都可以根据红色名录，了解到动物居住地所剩下的个体数，它们需要什么类型的栖息地，以及采取什么样的保护行动才可以减缓它们的消亡。

世界自然保护联盟希望，红色名录能真正成为“物种的晴雨表”——一个在生物多样性遭到人类破坏时，能帮助我们制定计划、准备应对措施和找到解决方案的度量表。但红色名录仍然存在很大的局限性，数万种物种尚待评估。比如海洋动物、淡水物种和无脊椎动物，这些在动物王国中数量众多的大群体，都没有得到充分的考虑。与此同时，科学评估还常常显出一定的滞后性。

目前，红色名录的调查工作仍在继续。世界自然保护联盟希望到 2020 年，将评估物种的总数增加到 16 万个。然后，这个物种的晴雨表就能更近乎全面地解读植物和动物的种群健康状况。随着红色名录的不断发展和变化，我们只能大概预测它将给出什么样的图景。

在本书中，我们界定出每只动物的 IUCN 受威胁分类。在某些情况下，我们会采纳最了解这些动物的研究人员所提供的最新情况，对当前的信息进行扩增或调整。有时，亚种比其亲本物种受到的威胁更大，在这些情况下我们也会如实说明。

IUCN 物种濒危等级

EX: Extinct 灭绝 | 该物种的最后个体已经确定无疑地死亡了。

EW: Extinct in the Wild 野外灭绝 | 该物种的所有已知个体都在人为圈养下存活，或是仅有在原始分布范围之外的归化种群[1]。

CR: Critically Endangered 极危 | 最可靠的有效证据证明，该物种在野外面临极其严重的灭绝威胁。

EN: Endangered 濒危 | 最可靠的有效证据证明，该物种在野外面临很高的灭绝威胁。

VU: Vulnerable 易危 | 最可靠的有效证据证明，该物种在野外面临较高的灭绝威胁。

NT: Near Threatened 近危 | 该物种已被评估，且目前没有被列入以上级别，但接近受到较高威胁。

LC: Least Concern 无危 | 该物种已被评估，但未被列入以上级别。

DD: Data deficient 数据缺乏 | 没有足够的有效信息可以用来全面评估该物种的受威胁程度。

NE: Not Evaluated 未评估 | 该物种的受威胁程度还未被评估。

---

① 指扩散到原始栖息地以外，并能形成自我维持的外来种群。如果过于繁盛，对当地动植物造成危害，就会成为入侵物种。

第一章

远去的幽灵

Galbraith
Pontchartrain
1886

在巴拿马中部的云雾森林深处，繁茂的树冠中隐藏着世界上最为稀少的两栖动物之一——巴拿马树蛙。这种树蛙足上生蹼，能够在树枝之间跳跃甚至滑翔。雌性将卵产在盛满水的树洞里，而雄性则会以特殊的形式承担起育儿的重任：蝌蚪宝宝将啃食父亲的皮肤碎片为生。

这种奇异的生物命运却十分坎坷。疾病使得它们的种群数量锐减，人类活动又不断吞噬着它们的栖息地。2007 年末，科学家们最后一次在野外记录到巴拿马树蛙的鸣唱，而这一神秘的物种直至 2008 年才有了正式的科学描述。时隔仅一年以后，IUCN 便将其列为极危物种。针对这种树蛙的人工繁育工作终告徒劳，最后一只巴拿马树蛙在 2016 年逝于亚特兰大植物园。植物园的人们亲切地称它为“小硬汉”。

亲眼目睹一个物种的灭绝，往往令人难以接受。我们在心中不停地呼喊：不，这种生物不可能就这么消失了，不可能。小蓝金刚鹦鹉的蓝色羽毛是多么的动人，华南虎又是多么的强壮，我们一定能再次追寻到它们的踪迹。然而最终，我们只能面对这一事实：在无垠的旷野中，它们的身姿已经永不会重现于世了。这些曾在天地间繁衍不息的美丽生灵，如今可能已成了生命长河中远去的幽灵。

如果足够幸运，我们也许可以抓住一星半点的希望，将濒临灭绝的物种从生死线上拉回来。麋鹿便是这些幸运儿中的一员。在几近灭绝之时，麋鹿在人工圈养下逃过一劫，尔后命运的眷顾和人类的努力使得它们种群数目回升，最终得以重归野外。其他一些濒危物种，比如哥伦比亚盆地侏儒兔，人们则采取杂交手段，令其以新的面貌顽强地存活了下来。尽管有少量挽救成功的案例，但严峻的事实逼迫我们承认：绝大部分濒临灭绝的动物，都未能跨过那条生死线重返世间。人类应该清醒地意识到，我们必须倾力保护住尚存于世的所有生灵，在它们变成幽灵远去之前。

至 2019 年 1 月，已有

941 个物种

被 IUCN 红色名录列为

灭绝或野外灭绝

P28–29 图：黑胸虫森莺（*Vermivora bachmanii*），极危，可能已灭绝

左图：巴拿马树蛙（*Ecnomiohyla rabborum*），极危，可能已灭绝

右图：关岛秧鸡（*Gallirallus owstoni*），野外灭绝

墨西哥蝴蝶鱼（*Ameca splendens*），野外灭绝

在墨西哥西部的阿美加河流域，这种体型娇小的鱼类曾经种族兴旺，如今却只能作为观赏鱼出现在宠物市场中。在鱼市以外，仅有一个很小的墨西哥蝴蝶鱼种群尚苟延残喘于一个市民公园的湖泊之中。

哥伦比亚盆地侏儒兔（*Brachylagus idahoensis*），无危

华盛顿州曾经生活着一群具有遗传特异性的侏儒兔——哥伦比亚盆地侏儒兔。在经历了栖息地碎片化和数量锐减以后，这一种群于 2001 年被列为濒危物种，保育工作也以失败告终。人们最后采取的杂交手段也许勉强保留下了一些它们的遗传特性，但我们必须认识到纯种的哥伦比亚盆地侏儒兔即将彻底消亡：目前世界上仅剩两只纯种的哥伦比亚盆地侏儒兔，本页的模特布兰（Bryn）便是其中之一。

最后一个纯种个体死于

2008年

阿托莎豹蛱蝶（*Speyeria adiaste atossa*），未评估，可能已灭绝

这种蝴蝶有着宽大的翅膀，上面点缀着美丽的黑色斑点。它们曾在南加州的山岳间翩翩起舞，随处可见。一如大多数蝴蝶，阿托莎豹蛱蝶幼虫的食谱非常单一：堇菜类植物。当栖息地中的堇菜在人类开发的步履下逐渐消失之后，阿托莎豹蛱蝶也从此消失匿迹了：1959 年采集的一件标本，是这种蝴蝶最后一次现身于世。

1922

从未见过真的幽灵？那么现在你见到了。这种美艳鸟类的歌声曾经响彻关岛的密林，而今却在消亡的边缘挣扎。如果没有人工保育，它们很可能已经彻底消失了——目前幸存的关岛翠鸟数目不足200只。

——乔尔·萨托

关岛翠鸟（*Todiramphus cinnamominus*），野外灭绝

棕树蛇的偶然引入摧毁了关岛上脆弱的生态平衡，导致岛上的很多蜥蜴和鸟类，如关岛翠鸟，不复存在。1986年，研究人员将仅剩的29只野生关岛翠鸟从岛上移入人工环境进行保护。如今世界上所有的关岛翠鸟都是圈养个体，且总数目不超过160只。

弯角剑羚（*Oryx dammah*），野外灭绝

不久之前，北非的沙漠之中还悠游着无数的弯角剑羚。这片干旱的不毛之地上水源极少，而它们能够通过进食植物来给自己补充水分。这一物种于 2000 年被宣布为野外灭绝，原因是栖息地的丧失和人类的过度捕猎。在突尼斯、摩洛哥和塞内加尔，人们开始尝试进行弯角剑羚的野外放归，而在乍得和尼日尔，野外放归已初见成效。

麋鹿（*Elaphurus davidianus*），野外灭绝

1865 年时，北京皇家猎苑内的一小群麋鹿几乎是这一物种仅剩的血脉。一位法国传教士将其引入欧洲，并在圈养环境下逐渐繁衍。与此同时，原产地中国的本土麋鹿则几近消亡。1985 年麋鹿由欧洲重归故里，人们开始在中国恢复其种群，并努力实现麋鹿最终的野外放归。

最后一次野外目击于

1970年

华南虎（*Panthera tigris amoyensis*），极危，可能已野外灭绝

直至 20 世纪 50 年代初，中国境内仍生活着 4 000 多只野生华南虎。它们因与人类偶有冲突而被视为“虎患”，最终被猎杀至几近灭绝。中国政府于 20 世纪 70 年代开始着手保护这一特有物种，但如今世界范围内的存活数目仍少于 100 只。

象牙喙啄木鸟（*Campephilus principalis*），极危，可能已灭绝

远去的幽灵：象牙喙啄木鸟是北美体型最大的啄木鸟。它在野外销声匿迹之后，鸟类学家和热忱的观鸟爱好者一次次满怀希望地前往其栖息地，期盼能够再觅芳踪。2004 年有人声称在阿肯色州目击到了野外个体，但无法进行确认。图中的象牙喙啄木鸟是一件剥制标本，馆藏于内布拉斯加州立大学博物馆。

海滨灰雀（*Ammospiza maritima nigrescens*），灭绝

人们在佛罗里达建造肯尼迪航天中心时，为了扑杀蚊子而引水淹没了附近的沼泽，这一举措对海滨灰雀的栖息地造成了毁灭性的破坏。一小群海滨灰雀劫后余生，但由于没有进行及时的原产地保护，这一种群最终依然未能存活。图中的标本是世界上最后一只海滨灰雀，它死于 1987 年 6 月 16 日。1990 年，这一物种宣告灭绝。

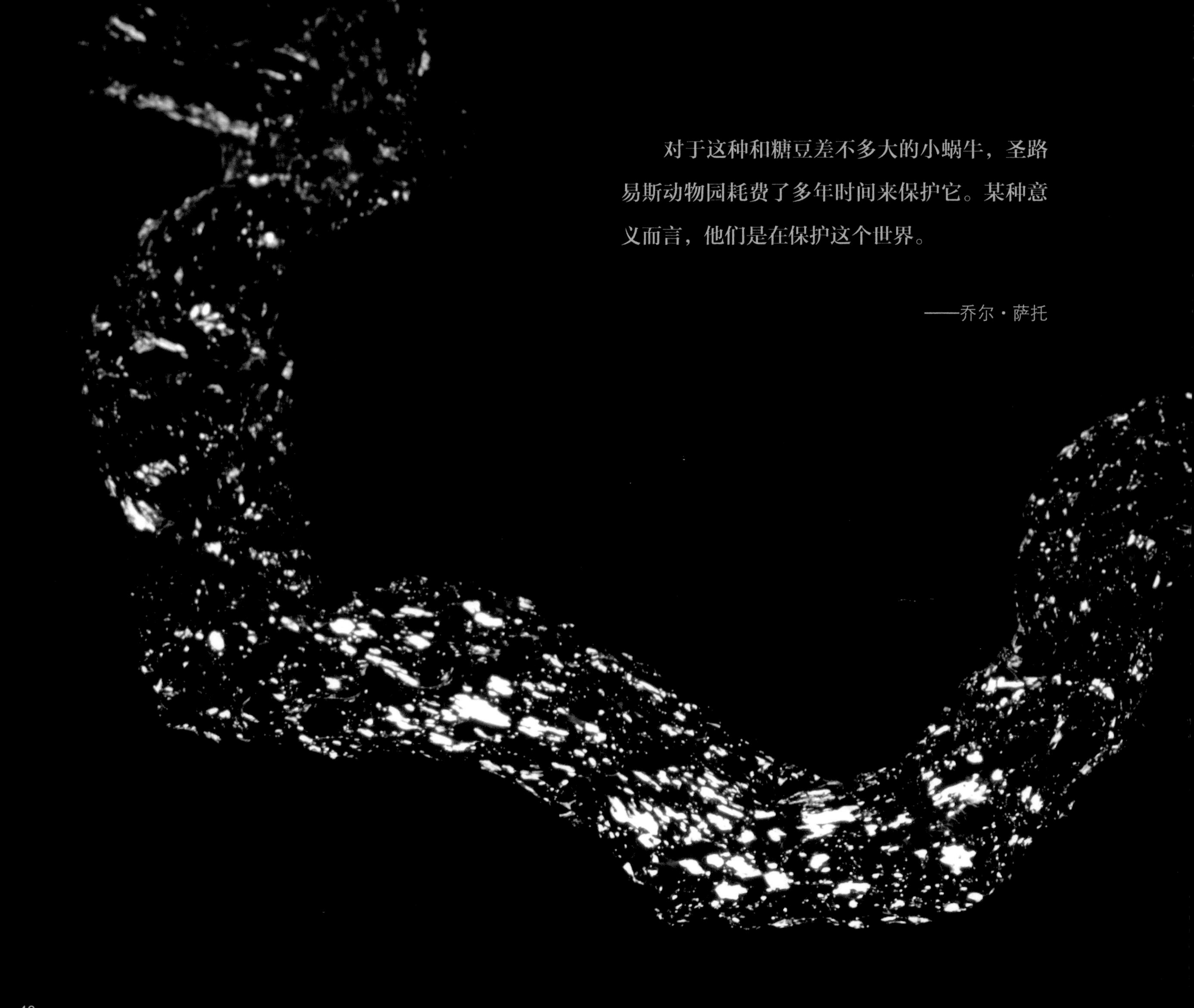

对于这种和糖豆差不多大的小蜗牛，圣路易斯动物园耗费了多年时间来保护它。某种意义而言，他们是在保护这个世界。

——乔尔·萨托

帕图蜗牛（*Partula nodosa*），野外灭绝

这种小小的陆生蜗牛是南太平洋岛屿塔希提上的原住民。20 世纪 70 年代，人们为了控制一种入侵物种而引入了另一种掠食性的蜗牛，却意外使得帕图蜗牛的数量锐减。尽管 20 世纪 80 年代以后这种蜗牛已经绝迹于塔希提本土，但人工保育工作仍让我们看到了一丝希望。自 2015 年起，圣路易斯动物园已成功将人工繁育的帕图蜗牛放归回了它们的故乡——塔希提。

怀俄明蟾蜍（*Anaxyrus baxteri*），野外灭绝

在怀俄明拉勒米河流域的河漫滩上，这些不起眼的棕色小蟾蜍一度随处可见。20 世纪七八十年代杀虫剂的大规模使用也许是造成他们数量骤减的原因之一。20 世纪 90 年代中期，残存的野生个体全部被移入人工环境中进行保育。怀俄明蟾蜍的数目随后终于有所增长，但威胁众多两栖动物的“壶菌病”又使得它们的存活岌岌可危。

非洲胎生蟾蜍（*Nectophrynoides asperginis*），野外灭绝

坦桑尼亚东部的奇汉西瀑布附近曾生活着约 17 000 只这种细小的两栖动物。然而在一座新的水坝拔地而起之后，瀑布的水源几乎被完全切断，使得这种蟾蜍的栖息地逐渐干涸。2000 年时，约 500 只非洲胎生蟾蜍从原产地被运往美国进行保育。幸运的是，人工繁育工作进展顺利，非洲胎生蟾蜍的数目超过了 6 000 只，并开始尝试在原产地进行野外放归。

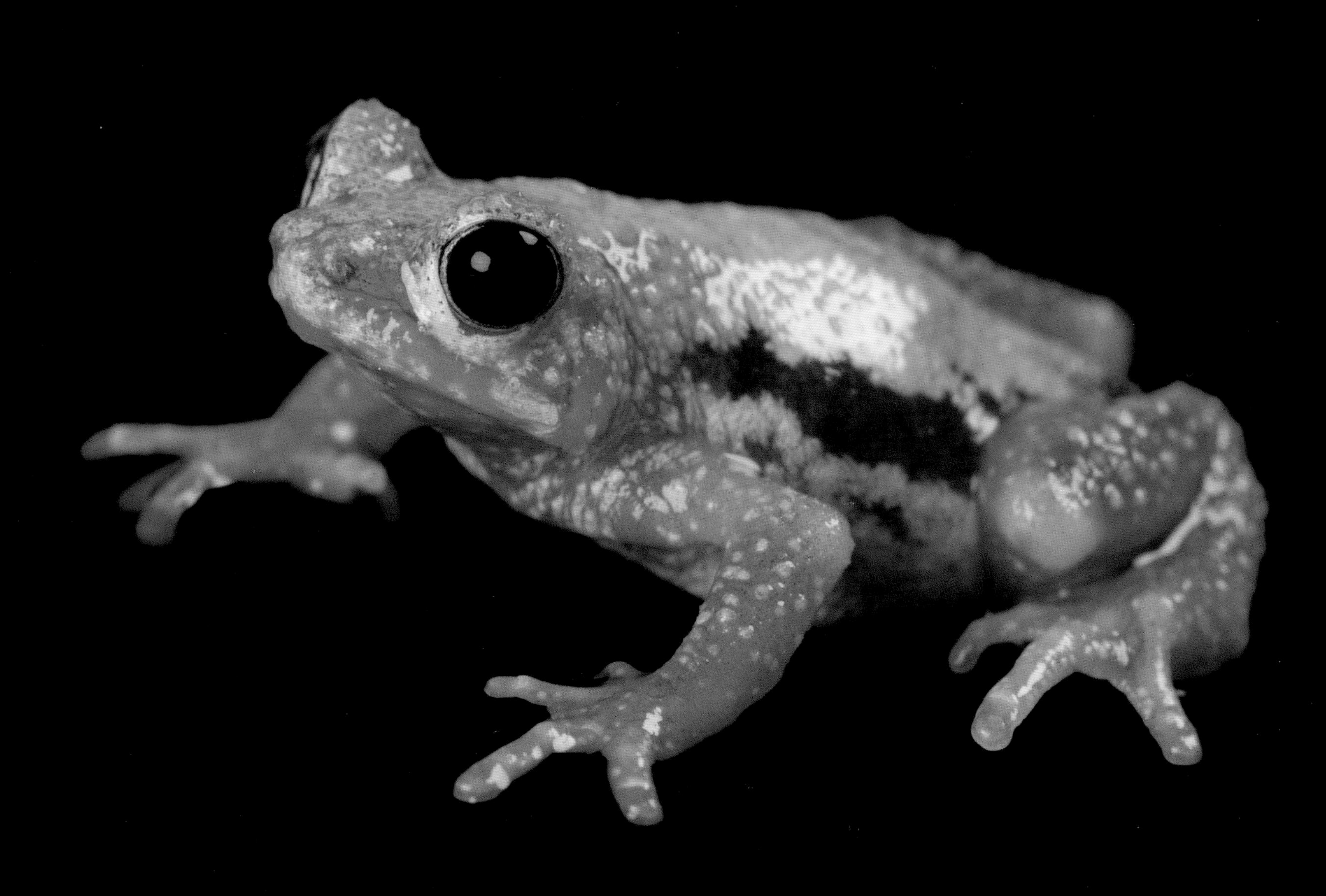

小蓝金刚鹦鹉（*Cyanopsitta spixii*），极危，可能已野外灭绝

在巴西茂密的雨林中，这些聪明的蓝色鸟儿们很可能已经彻底消失了。2016 年的一次野外目击令人们重新燃起了希望——也许它们还顽强地活在某个不为人知的角落，然而科学家们认为此次目击的主角更可能是一只逃逸的圈养个体。即使是在人工圈养环境下，目前仅存于世的小蓝金刚鹦鹉也不过 60 ～ 80 只。

至

2017年

世界上每8种鸟类中
就有1种面临着灭绝的危险

第二章

消逝

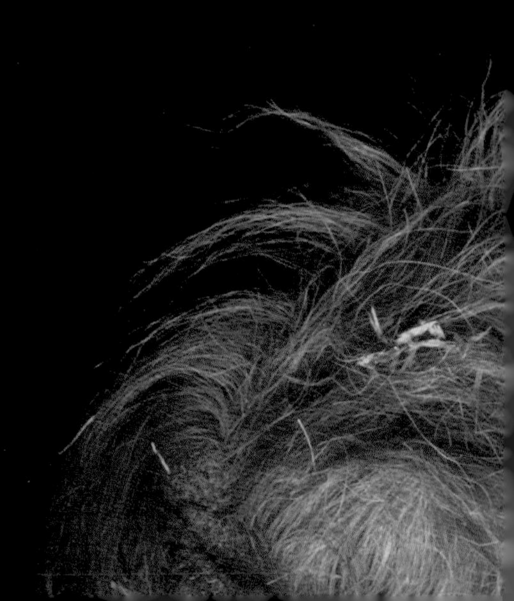

在拥挤的岛屿上，爪哇豹是这里仅存的大型食肉动物。爪哇豹的数量现已下降到了不足

爪哇豹（*Panthera pardus melas*），极危

作为最后一种生存在爪哇的大型猫科动物，爪哇豹被认为是在 60 万年前，就通过冰河时期亚洲的大陆桥，来到了印度尼西亚的岛屿。大约 74 000 年前，在临近的苏门答腊岛上的豹可能由于火山爆发而消失。

尼格鸡鸠[1]（*Gallicolumba keayi*），极危

作为菲律宾尼格岛和班乃岛的特有品种，尼格鸡鸠是该地区地栖的鸡鸠之一，此种鸠鸽类以其喉部至胸前的明显红色斑块而得名。

① 尼格鸡鸠英文俗名为“Negros bleeding-heart”，意即“流血的心脏”。

王垂蜜鸟（*Anthochaera phrygia*），极危

在澳大利亚的大分水岭西坡上，人们发现王垂蜜鸟的鸣唱声会随着时间的推移而发生变化，甚至在不同的区域内形成了“不同的方言”。

别针条纹鲷（*Paretroplus menarambo*），极危

这种小型的淡水鱼曾被认为已经在野外灭绝了，直到 2008 年，人们才在马达加斯加岛西北部的一个湖中再次发现了一个小种群。

穆霍尔苍羚（*Nanger dama mhorr*），极危

穆霍尔苍羚（苍羚的一个亚种）是世界上最大的瞪羚类，这些沙漠居民曾经在乍得和苏丹广泛分布。它们可以四脚同时离地进行弹跳，这种行为被称为“小牛跳”。

苍羚以数量少且分散的亚种群聚居，而世界上仅存的苍羚数量很可能已不足

250 只

豪勋爵岛竹节虫（*Dryococelus australis*），极危

豪勋爵岛竹节虫俗称“树龙虾”。从倾覆的船只上游到澳大利亚的老鼠，正在摧毁这种竹节虫的种群。面对这些外来入侵的啮齿动物的捕食，这种竹节虫不堪一击。在 1920 年，这种竹节虫曾一度被认为已经灭绝，但到了 2001 年，又有一个小种群被科学家发现和确认。

野外幸存的成年个体数量

≈135

菲律宾鳄会在河流、小溪和沼泽中捕获各种各样的猎物，包括蜻蜓、鱼类、蛇、水鸟、狗，甚至还有猪。这种爬行动物似乎可以在其领土上掠夺各种食物，看起来无所畏惧。然而，人类成了唯一一种对它们构成威胁的动物，而且我们所造成的影响已经十分严重了。偷猎、栖息地丧失和渔网的缠绕，导致这种爬行动物的分布范围不断缩小，种群数量持续下降。科学家们认为，菲律宾鳄曾经遍布菲律宾群岛。但时至今日，这种爬行动物的栖息范围仅局限于吕宋岛北部、棉兰老岛西南部和达卢皮里岛这三个地区。与此同时，最新的种群数量统计结果表明，它们的数量还在呈下降趋势。尽管菲律宾鳄受到法律保护，还有着数十年的圈养繁殖和栖息地保育，但是截至 2012 年，野外仍仅剩不到 200 只菲律宾鳄。

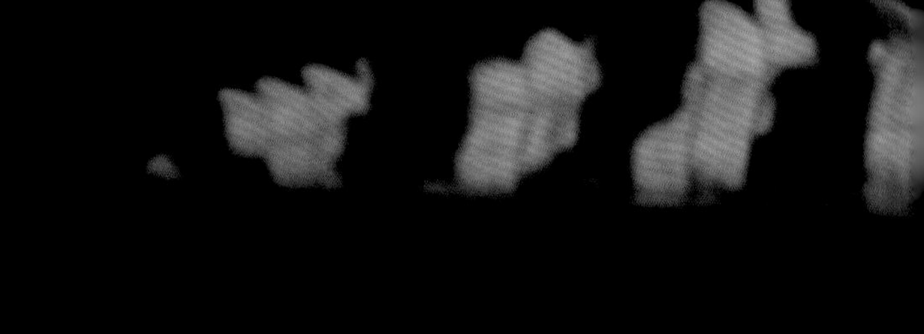

菲律宾鳄（*Crocodylus mindorensis*），极危

扭嘴犀鸟（*Rhabdotorrhinus waldeni*），极危

最近的调查结果估计，幸存的扭嘴犀鸟有 1 500 ～ 4 000 只。菲律宾的内格罗斯岛和班乃岛是这种犀鸟的栖息地，但两个岛上大规模的森林砍伐，使得它们所居住的原始森林覆盖率分别仅剩下原来的 3%和 6%左右。

苏门答腊虎（*Panthera tigris sumatrae*），极危

绝大多数苏门答腊虎的死亡，都是由于人类直接的猎杀所致。苏门答腊虎是一种极度濒危的动物，但每年仍然至少有 40 只被偷猎者杀死。

米沙鄢卷毛野猪（*Sus cebifrons negrinus*），极危

当受到威胁时，米沙鄢卷毛野猪会将背部毛茸茸的鬃毛高耸着竖起，这样会让它们看起来显得体型更大,形成令人印象深刻像莫霍克人头部发饰的造型。

班顿拉无须魮的照片，让影像方舟项目记录的物种数达到了

9000

班顿拉无须魮（*Puntius bandula*），极危

这种小型淡水鱼仅发现于斯里兰卡的加拉皮塔马达（Galapitamada）地区的溪流中。在这种鱼被发现的十年之内，科学家估计其种群数量从大约 2 000 条锐减到了 200 ～ 300 条。

苏门答腊象（*Elephas maximus sumatranus*），极危

这种亚洲象的小型亚种数量在一个世代后减少了一半，这样的境况很大程度上要归咎于广泛开垦的油用棕榈园、橡胶园和纸浆木材生产等对其栖息林区的破坏。

只要红毛猩猩特里克茜（Trixie）明白我是在给它拍照，它就会舒服地前倾，露出信任、放松和好奇的神情。

——乔尔・萨托

婆罗洲猩猩加里曼丹亚种（*Pongo pygmaeus wurmbii*），极危

婆罗洲猩猩是唯一一种在亚洲分布的类人猿，加里曼丹亚种是其中的一个亚种。它们常常过着独居的生活，每 6 ~ 8 年才诞有一只后代。森林栖息地的破坏和非法狩猎，正在逼迫这一独特物种走向灭绝的边缘。

库尔德斯坦斑点蝾螈（*Neurergus derjugini microspilotus*），极危

扎格罗斯山脉的严重干旱和非法宠物贸易，正威胁着这种居住在溪流中的动物。虽然它们在伊朗受到法律保护，但由于法律未能被严格执行，这种蝾螈的数量依然在继续减少。

美洲覆葬甲（*Nicrophorus americanus*），极危

这些葬甲埋葬死去的动物尸体，为的是养活它们自己的幼虫。当葬甲的幼虫孵化时，雌雄亲虫就会留下来待在原处照顾幼虫，而这一窝幼虫最多时可达 30 只。

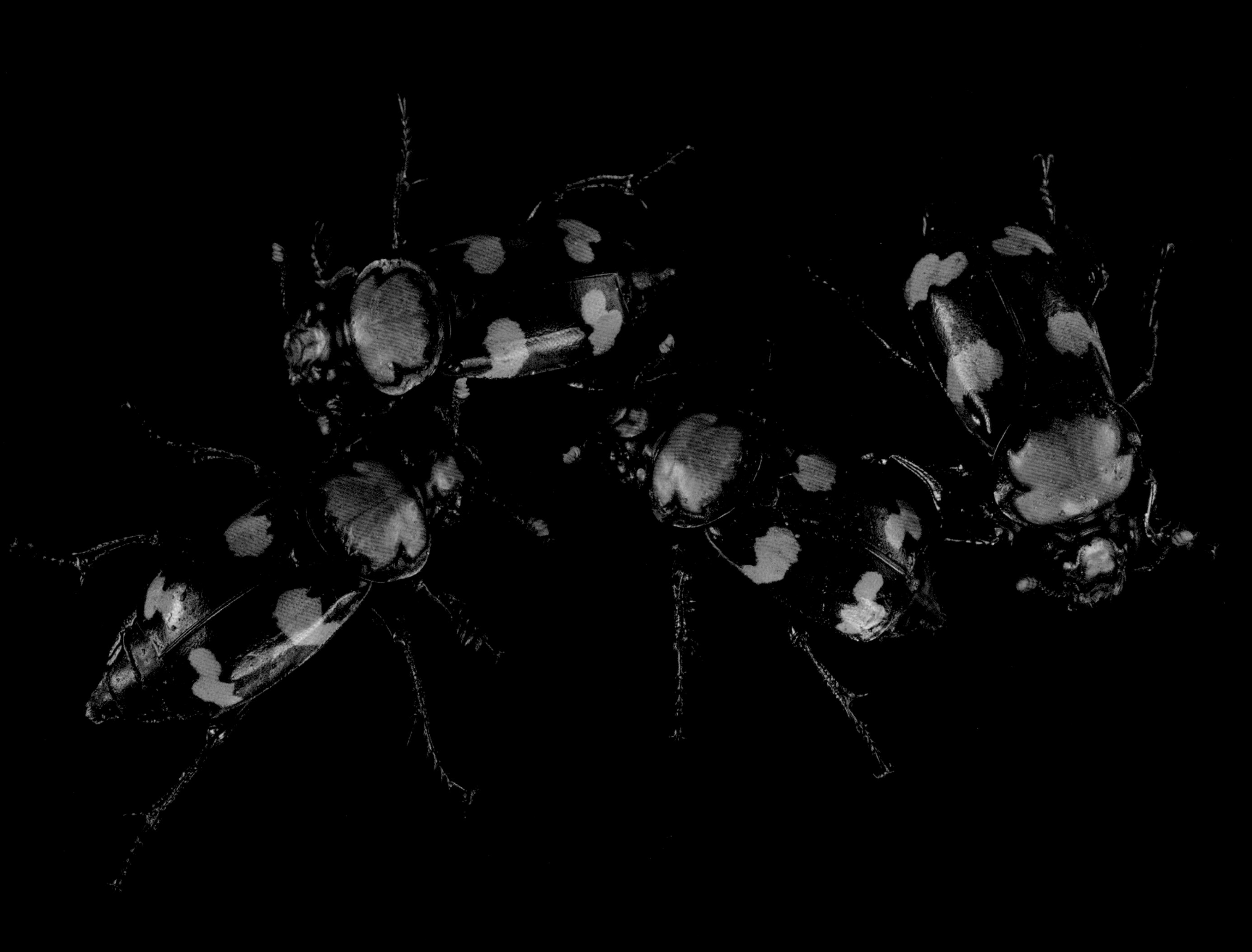

食猿雕（*Pithecophaga jefferyi*），极危

食猿雕是菲律宾的国鸟，是地球上现存最大的猛禽之一。它们具有较短的翼展，这是为了便于在它们栖息的森林中穿行。

上升的海平面

科学家预测，未来 80 年内海平面将上升 65 厘米，这预示着处于低洼地区的群岛将前景黯淡。佛罗里达群岛的湿地、红树林和松树林，勉强能位于高潮线[1]之上，但它们孕育着丰富的野生动物，包括濒危的斯托克岛树蜗牛和阿里斯凤蝶。这些岛屿独特的地层也是许多区域性亚种的家园，比如岛屿鹿，它们只在群岛上出现且数量已经有所下降。野生动物保护主义者、联邦官员和科学家给了这些岛屿上的动物一线希望，他们都赞同：我们迫切需要确定长期的海平面上升对佛罗里达群岛的威胁，并建立系统性的保护措施，以帮助那里的野生动物来适应即将到来的生存环境变化。

上排从左到右：棉鼠（*Peromyscus gossypinus allapaticola*），无危；湿地棉尾兔（*Sylvilagus palustris hefneri*），极危；银色稻鼠（*Oryzomys palustris natator*），无危；

下排从左到右：斯托克岛树蜗牛（*Orthalicus reses reses*），濒危；礁鹿（*Odocoileus virginianus clavium*），无危；东林鼠（*Neotoma floridana smalli*），无危；阿里斯凤蝶（*Papilio aristodemus*），未评估。

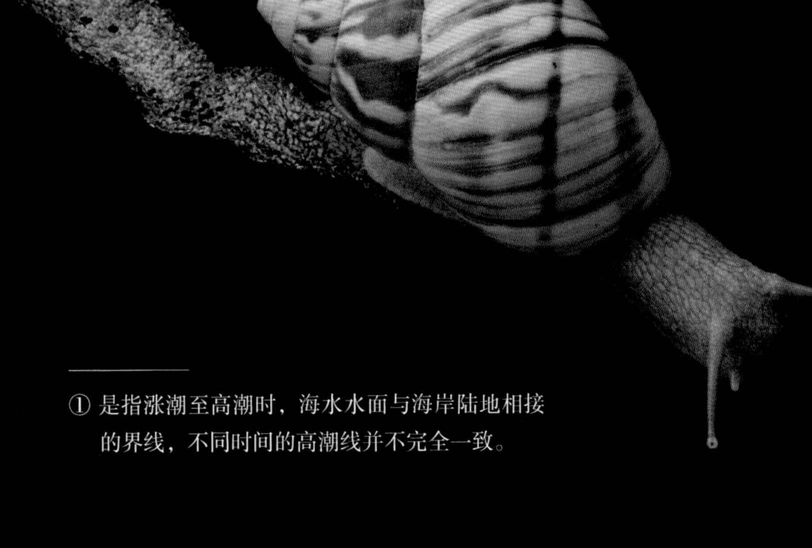

① 是指涨潮至高潮时，海水水面与海岸陆地相接的界线，不同时间的高潮线并不完全一致。

面对着来自气候变化、栖息地丧失和家畜入侵所带来的威胁，非洲野驴的种群数量仅有大约

70

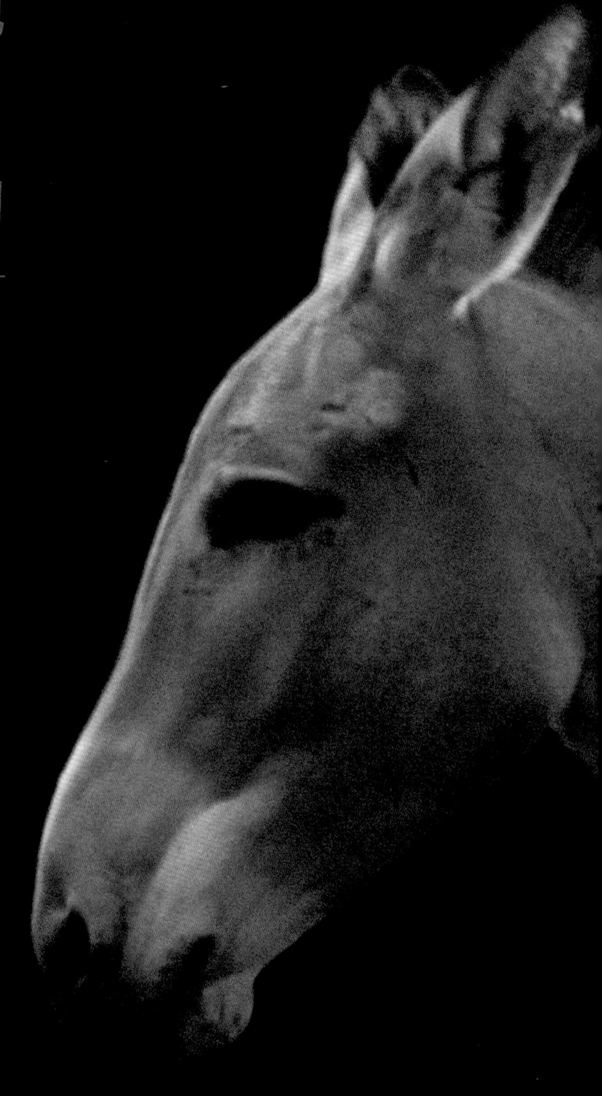

索马里野驴（*Equus africanus somaliensis*），极危

索马里野驴是非洲野驴的一个亚种，基因研究表明，索马里野驴是现代家驴的驯化原型。如今，近亲繁殖以及与家驴的竞争，成了对这种动物威胁最大的两方面因素。

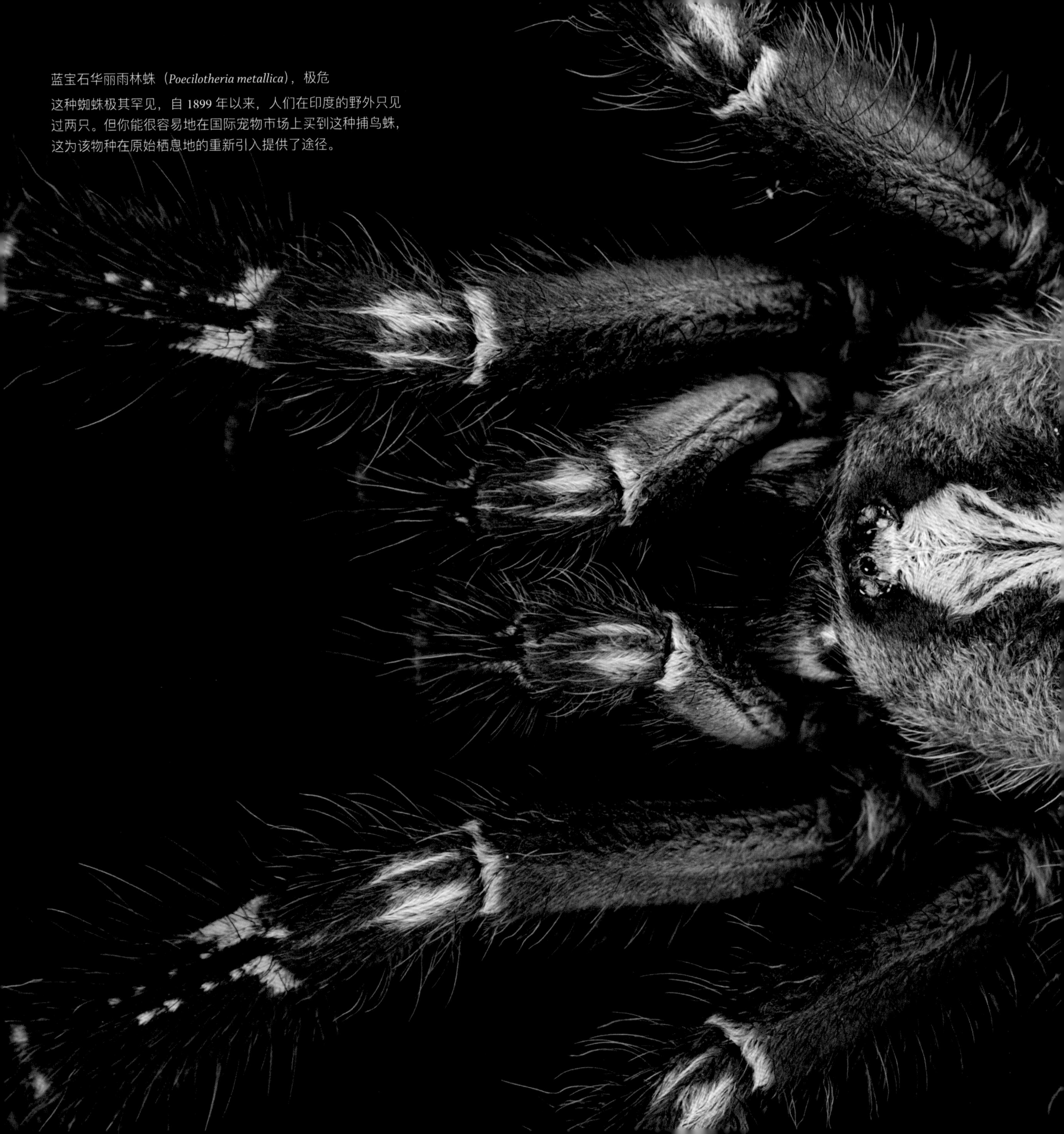

蓝宝石华丽雨林蛛（*Poecilotheria metallica*），极危

这种蜘蛛极其罕见，自 1899 年以来，人们在印度的野外只见过两只。但你能很容易地在国际宠物市场上买到这种捕鸟蛛，这为该物种在原始栖息地的重新引入提供了途径。

姬猪（*Porcula salvania*），极危

作为体型最小和最稀少的野生猪类，姬猪曾经漫步在印度各地的草原。然而今天，它们正处于灭绝的边缘，野外只剩下几百只。

金头乌叶猴（(*Trachypithecus poliocephalus*），极危

这种亚洲猴类生活在越南，它们白天会在林间来回晃荡，到了晚上会聚成小群在石灰岩洞穴里休息。金头乌叶猴经常会在夜间穿梭于领域范围内的不同洞穴之间。

冕狐猴（*Propithecus diadema*），极危

这种马达加斯加的狐猴每年可能只有一天的繁殖力，在被刀耕火种的开垦方式破坏的栖息地中，这样的生育习性严重限制了它们恢复种群数量的能力。

生活在高海拔地区的水下，意味着通过皮肤能呼吸到的氧气变得更少。这种蛙类通过发育皮褶来增加身体的表面积以解决这个问题，皱巴巴的皮肤让它们看起来像是沙皮狗。

——乔尔·萨托

的的喀喀湖蛙（*Telmatobius culeus*），极危

2016 年，一个神秘的事件导致了秘鲁约 10 000 只的的喀喀湖蛙的死亡。科学家猜测严重的污染是罪魁祸首，但官方的回答还尚未公布。

黑须丛尾猴（*Chiropotes satanas*），极危

这种原产于巴西东部亚马孙流域的猴类以取食种子、果实和花朵为生。伐木和耕作减少了它的栖息地，科学家们发现了以 4 ～ 39 只组成的小族群，它们已在孤岛上独立存活了多年。

野外幸存的成年个体数量

在水边的树枝高处，马达加斯加海雕一边等候，一边巡视。它用锋利的爪尖，从水面上掠取猎物。这种鸟类已经在这个地区生活了数千年，但它们对海洋的依赖如今成了其数量下降的主要原因之一。尽管它们身披羽毛，外形健硕，是马达加斯加最大的猛禽，但还是不得不面对另一种以渔猎为生的、饥饿且强有力的竞争者——人类。目前野外大约有 240 只马达加斯加海雕幸存，保育人士已经发现了一系列威胁，包括森林的砍伐和水体的污染，这一切对于数量如此之少的物种来说，可能是致命的。不过好消息是，2015 年马达加斯加政府将安察卢瓦（Antsalova）和坦波荷拉诺（Tambohorano）附近的两个湿地确立为保护区，这些区域正是现存种群中四分之一海雕的繁殖地。“游隼基金会”的保护主义者正在与当地社区合作，进行了可能带来巨大回报的小改进，比如向渔民们提供玻璃纤维制作的独木舟，来取代木制的独木舟，这样就可以保护海雕栖息的树木。

马达加斯加海雕（*Haliaeetus vociferoides*），极危

皮那罗雨蛙（*Hyloscirtus ptychodactylus*），极危

这种极度濒危的蛙类将其身体的后部在空中挺起，作为一种对捕食者威胁的反应。商业开发和伐木正在摧毁着厄瓜多尔的森林和湿地，那里是它们的栖息地。但在基多，一个叫作巴尔撒·萨泊斯（Balsa de los Sapos）的两栖繁殖和研究中心，正在努力维持着该物种的生存。

泥龟（*Dermatemys mawii*），极危

泥龟属于龟类中一个古老的科，而它是这个科中最后剩下的物种。这个科的化石可以追溯到侏罗纪和白垩纪时期，但今天其缓慢的生育和过度的捕捞意味着它的生死存亡充满谜团。

爪哇懒猴（*Nycticebus javanicus*），极危

这种小型的灵长类动物可以产生一种毒素，它会以此擦拭全身，来保护自己免受掠食者的伤害。但相比掠食者而言，如今栖息地丧失对它造成的威胁更大，因为幸存的爪哇懒猴群体变得越来越分散。

我们相信所谓的成功，就是让动物能在野外环境中欣欣向荣。随着许多物种在灭绝的边缘徘徊，我们没有一分一秒能够浪费。这就是驱使我们行动的力量。

——珍妮·格雷（Jenny Gray）
维多利亚动物园首席执行官

利氏袋鼯（*Gymnobelideus leadbeateri*），极危

这种澳大利亚的有袋类动物比人类的手掌还小，它们生活在树洞里。肆虐的野火摧毁了利氏袋鼯可以利用的栖息地。

马来虎（*Panthera tigris jacksoni*），极危

据估计，世界上成年马来虎的数量从 20 世纪 50 年代的约 3 000 只，急剧下降到如今仅存的不到 250 只。其原因，除了迅速萎缩的生存领域之外，国际野生动物非法贸易对整只虎及其身体各部分的狂热也难脱其责。

亚洲的不少热带雨林中曾经充满着鸟儿的欢唱，而如今却陷入了死寂。在传统的东南亚文化中，人们会将这些美丽的鸟类作为宠物来饲养，这使得大量鸣禽在野外落入陷阱，然后被贩卖，同时使得许多稀有物种的处境陷入了恶性循环。印度尼西亚是这种非法全球贸易的中心：研究者们在2014 年对雅加达鸟类市场进行调查，在三天内就发现了 19 000 只野生的鸣禽。这些非法捕获的鸟儿中大多数只能在网箱中存活一两天，这给它们带来了“插花鸟儿”的残忍绰号——它们的存活时间不会超过插在瓶中鲜花的花期。环保人士、动物园、NGO（非政府组织）和学术机构正在通力合作，教育消费者们有关“鸣禽危机”的事态，并积极立法，加强对宠物贸易的监管和规范。

上排从左到右：黑袖椋鸟（*Acridotheres melanopterus*），极危；红额噪鹛（*Garrulax rufifrons*），极危；长冠八哥（*Leucopsar rothschildi*），极危；
下排从左到右：大绿叶鹎（*Chloropsis sonnerati*），易危；栗喉鹎（*Pycnonotus dispar*），极危；短尾绿鹊（*Cissa thalassina*），极危；黑白噪鹛（*Garrulax bicolor*），濒危。

苏拉威西黑冠猴（*Macaca nigra*），极危

该物种主要生活在印度尼西亚的两个岛屿上：苏拉威西岛（*Sulawesi*）和巴占岛（*Pulau Bacan*），前一个岛上的是原生种群，而后一个岛上的是在 1867 年由人类带去的。虽然巴占岛上的黑冠猴种群正在蓬勃发展，但有可能破坏这座不是它们原始栖息地的岛屿生态平衡。

白颊长臂猿（*Nomascus leucogenys*），极危

长臂猿具有修长的手臂和灵活的肩关节，天生就适合在树冠间游荡穿梭。由于伐木业和农业的发展，破坏了广阔的森林，继而使得这些具有独特适应性的动物正在从它们的东亚故乡逐渐消失。

在过去的一个世纪中，旋角羚的栖息地面积已经缩减了

90%

旋角羚（*Addax nasomaculatus*），极危

这些沙漠中的羚羊曾经分布广泛，但现在正在被肆无忌惮的狩猎所摧毁。据估计，只有不到 100 只的旋角羚还生活在尼日尔和乍得之间的狭窄地区。

欧洲鳗鲡（*Anguilla anguilla*），极危

欧洲鳗鲡是天生的旅行者。成年的鳗鲡会穿越大洋，在百慕大附近的水域交配。然后，幼年的鳗鲡又会迁移穿越大西洋，进入欧洲的淡水河流，随之也逐渐发育成熟。

你会对一只小小的鳗鱼有什么想法呢？你的答案决定了它们当中最后一员的存亡问题。

——乔尔·萨托

欧洲水貂（*Mustela lutreola*），极危

自 19 世纪以来，欧洲水貂的栖息范围缩小了 85%以上。尽管它们的生存遭受了威胁，但它们正扩展到新的生态系统，并成功适应了西班牙东北部新的栖息地。然而，欧洲水貂同时也侵扰了其他生态系统中的原生物种，这也为究竟要不要保育它们这个问题带来了挑战。

波多黎各凤头蟾蜍（*Peltophryne lemur*），极危

这些蟾蜍在野外的数量曾经一度少于 100 只。人工繁殖计划将它们的蝌蚪重新引入了其原生地区，新的蟾蜍个体又开始建立起新的世代。

恒河鳄（*Gavialis gangeticus*），极危

这些吻部狭长的鳄鱼面临着各种各样的威胁，从被当作狩猎的战利品，到落入鱼网中意外被捕获。恒河鳄的蛋在某些文化中被视为珍宝，因而它们的巢穴时常遭到洗劫，这使得恢复其种群更加具有挑战性。

从 20 世纪 40 年代到 70 年代，世界范围内野生恒河鳄的种群数量下降了

96%

苏门答腊犀（*Dicerorhinus sumatrensis sumatrensis*），极危

苏门答腊犀是世界上体型最小的犀牛，目前已知的现生个体有 170 ～ 230 只。在过去 20 年中，由于对犀牛角及其他身体部位的需求，偷猎成了导致苏门答腊犀数量衰减的主要原因。

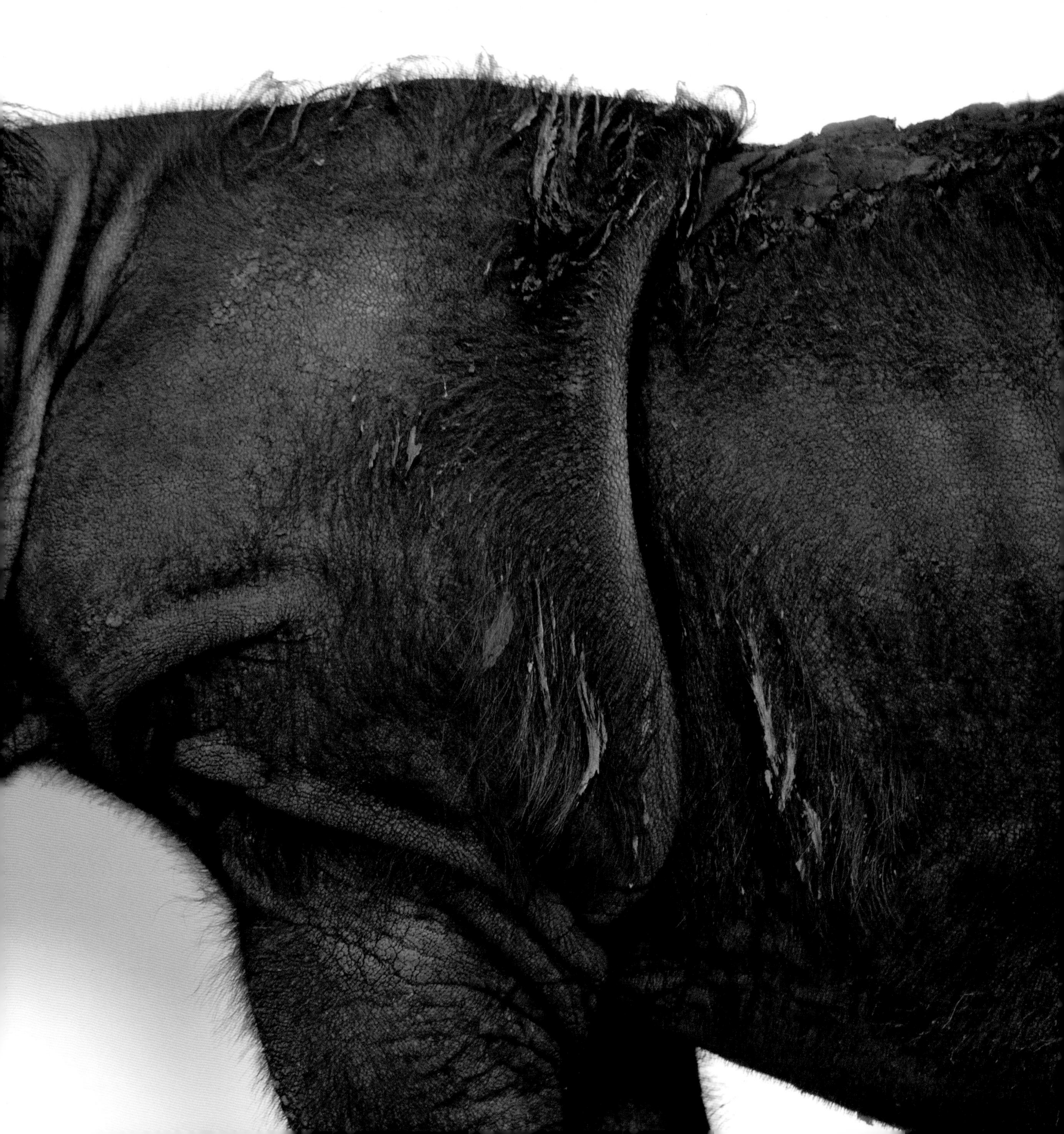

鹿角珊瑚（*Acropora cervicornis*），极危

鹿角珊瑚所形成的密集水下丛林，对维持加勒比海珊瑚礁的健康至关重要。在 20 世纪 80 年代，一种疾病摧毁了 97%的鹿角珊瑚种群。从那时起直到今天，这种繁殖速度缓慢的珊瑚仍在恢复中。

野外幸存的成年个体数量

≈ 84

通过视觉、听觉和触觉，苏格兰野猫能知晓它们领域中的每一寸土地。它们生性安静而特立独行，白天休息，夜间狩猎，它们会在高地的偏远地区逡巡来寻找兔子。苏格兰野猫是野猫这个物种的一个独特亚种，而在苏格兰，这些野生的猫类是这个亚种仅存的成员。几个世纪以来，苏格兰野猫在英国生活的历史比狼和猞猁还要长。与另一个亚种——更广泛分布的欧洲野猫相比，苏格兰野猫具有更大的体型。血统纯正的苏格兰野猫长得很像肌肉健硕的虎斑猫，但苏格兰野猫具有明显的鉴别特征，包括环状花纹密集的尾巴，尾巴尖端钝而呈黑色；背上有一道黑色条纹；身上的皮毛出奇的厚实；胸前泛着白色光泽、带有斑点的毛。这些也表明了苏格兰野猫最严重的两难处境：家猫基因与野生血统的混杂。这些野生的猫科动物经常与家猫存在杂交，而这种广泛存在的杂交情况使这个物种的未来处于危机之中。

苏格兰野猫（*Felis silvestris grampia*），极危

克罗斯河大猩猩（*Gorilla gorilla diehli*），极危

据估计，如今在野外有 200 ～ 300 只这种大猩猩，它们分散在尼日利亚和喀麦隆。图为尼昂戈（Nyango），它是在人工饲养条件下，唯一被确认的一只克罗斯河大猩猩。它在 2017 年死亡前，已经在喀麦隆的林贝野生动物中心（Limbe Wildlife Center）生活了 20 多年。

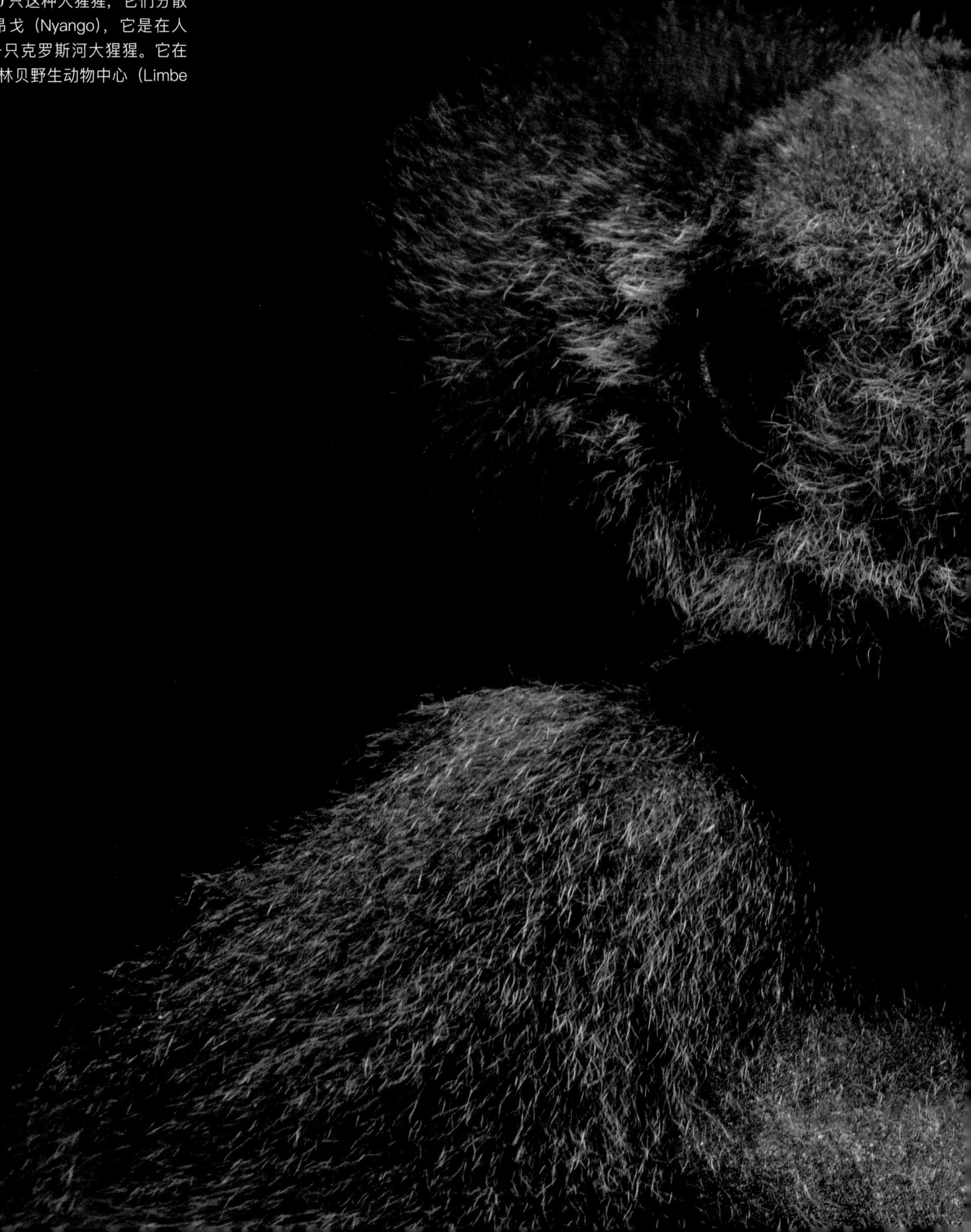

锡奥岛眼镜猴（*Tarsius tumpara*），极危

这种小型的眼镜猴被过度的捕猎和人类开垦所威胁，但最大的威胁可能来自它们种群间的孤立化。这种眼镜猴的唯一种群居住在印度尼西亚，分布在一处淡水小池塘的岸边和一处海边的陡峭悬崖上。

塔劳袋猫（*Ailurops melanotis*），极危

已知的塔劳袋猫仅存于印度尼西亚的萨利巴布岛（Salibabu Island），其面积不到100平方千米。人们很难对这种神秘莫测的有袋类动物开展研究。沉重的狩猎压力威胁着它们本就数量稀少的种群。

浅黄冠凤头鹦鹉（*Cacatua sulphurea citrinocristata*），极危
这种颜色鲜艳的鸟类现存数量不到 3 000 只。一方面是由于森林栖息地的迅速衰落，另一方面是作为宠物的普及，这些凤头鹦鹉被两面夹击，遭受着近乎灾难性的消亡。

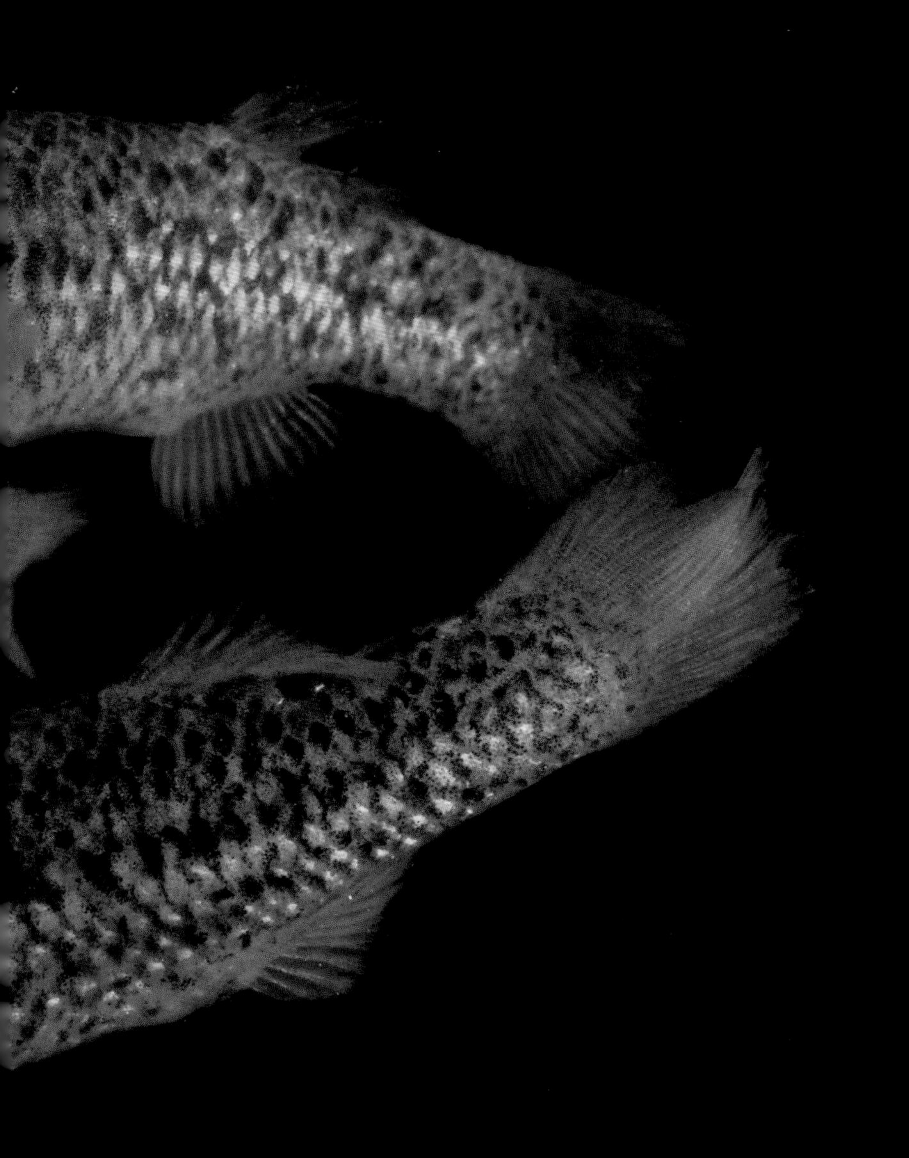

该物种在其原始栖息地的数量

0

在死亡谷以东的 100 千米处，便是内华达州南部的帕郎山谷（Pahrump Valley）。这虽然是一个干燥的地方，但那里的淡水泉曾经养育着一种当地的本土鱼类：偏嘴裸腹鳉，这是一种口部较宽且带有斑点的小鱼，通过标本测量到的体长仅 50 毫米。这种池塘里的小鱼在山谷中的三个浅泉中安家，每股泉水都孕育着一个独特的亚种。但是人类不断抽取地下水使用，导致了其中两股泉水干涸，也宣告了那里偏嘴裸腹鳉的生命终结。到了 20 世纪 70 年代，该物种已经彻底从其原生区域中消失。而如今，早已从帕郎山谷中消失的偏嘴裸腹鳉，又在一小湾泉水中得以幸存下来，这来自于保育人士在几十年前重新引入的种群。

偏嘴裸腹鳉（*Empetrichthys latos*），极危

红狼（*Canis rufus*），极危

在 1980 年被宣布灭绝之后，红狼又被重新引回了北卡罗来纳，并取得了一定的成功。到了 21 世纪初，最多的时候，野外生活着超过 150 只野生红狼。在此之后，红狼又因当地土地所有者的抵制，其野生种群减少到了 40 只左右。与此同时，另外 200 多只红狼则生活在人工圈养繁殖场所。

灰腿白臀叶猴（*Pygathrix cinerea*），极危

2014 年，一个科学家小组在越南广南省发现了一群灰腿白臀叶猴的大型种群，估计约有 180 只个体。这是这种猴类已知的第二个拥有 100 多只个体的种群。

幸存个体数

4

科学家于1873年首次发现了斑鳖，但过去的146年间，我们对这种神秘物种的认知几乎毫无增加。我们仅仅知道，它是世界上最大的，同时也是最濒危的淡水龟鳖类，目前只有四只个体存活。其中两只饲养在中国的苏州动物园，饲养人员热切地希望通过人工授精来繁殖这种大鳖，但每次都以失败告终。另外两只野生斑鳖生活在越南河内附近的湖泊中。这种大鳖长时间潜伏在水下，很少露出水面。尽管它们的行踪如此隐秘，但狩猎和污染还是导致其数量骤降。人们正在努力寻找更多的野生斑鳖个体，同时科学家们则继续在进行圈养繁殖以试图提高种群数量。参与育种工作的龟类生存联盟主席里克·哈德森（Rick Hudson）说，“没有比这更高的赌注了。”

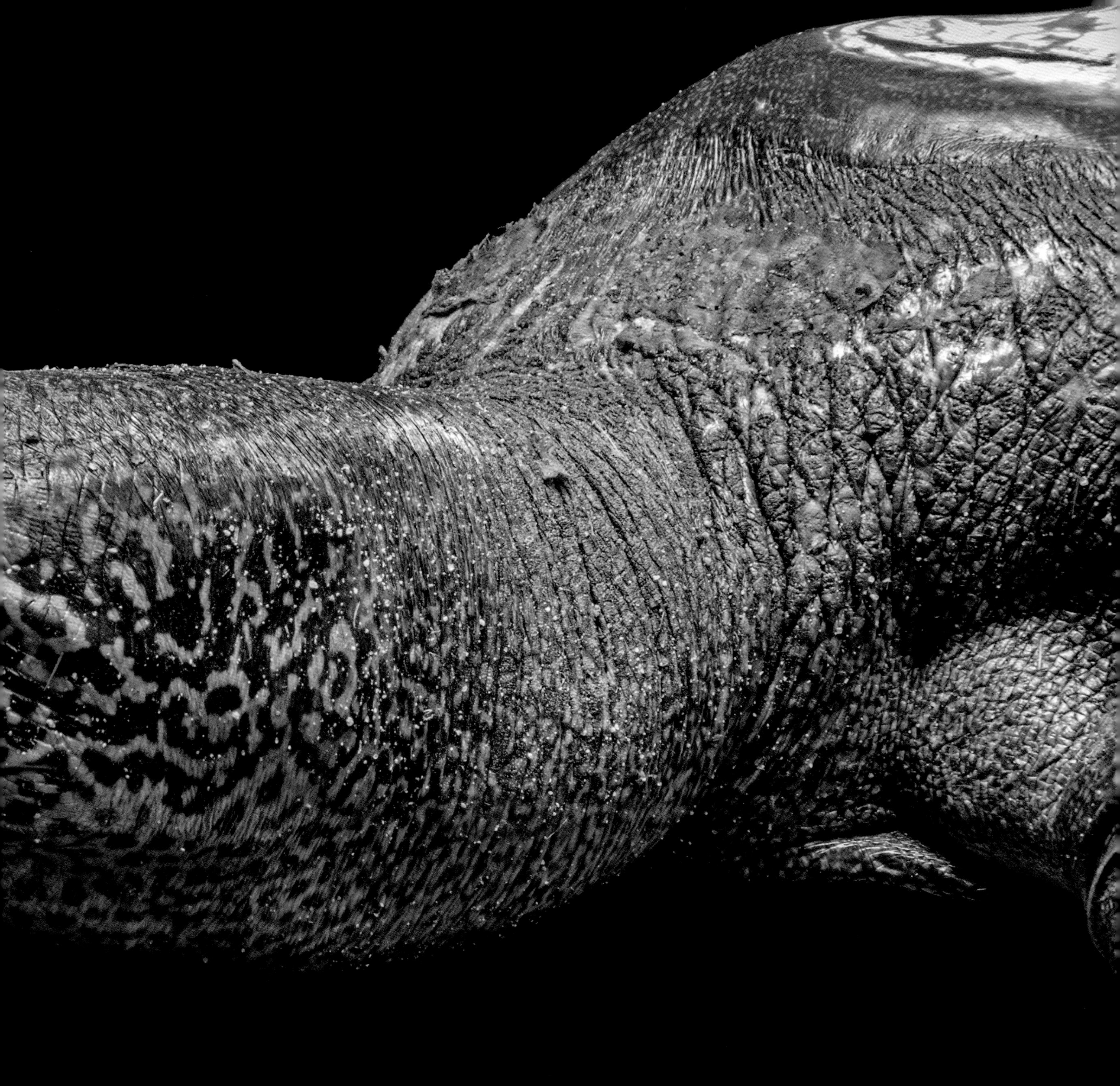

斑鳖（*Rafetus swinhoei*），极危

民都洛水牛（*Bubalus mindorensis*），极危

作为菲律宾民都洛岛上的一种小型水牛，民都洛水牛的数量正随着人类对其栖息地的侵占而逐渐减少。图中展示的民都洛水牛名为迦梨陀娑（Kalibasib），它是从 1980 年开始的圈养繁殖计划中唯一成功诞生的个体，而且也是这个物种唯一的圈养个体。

第三章

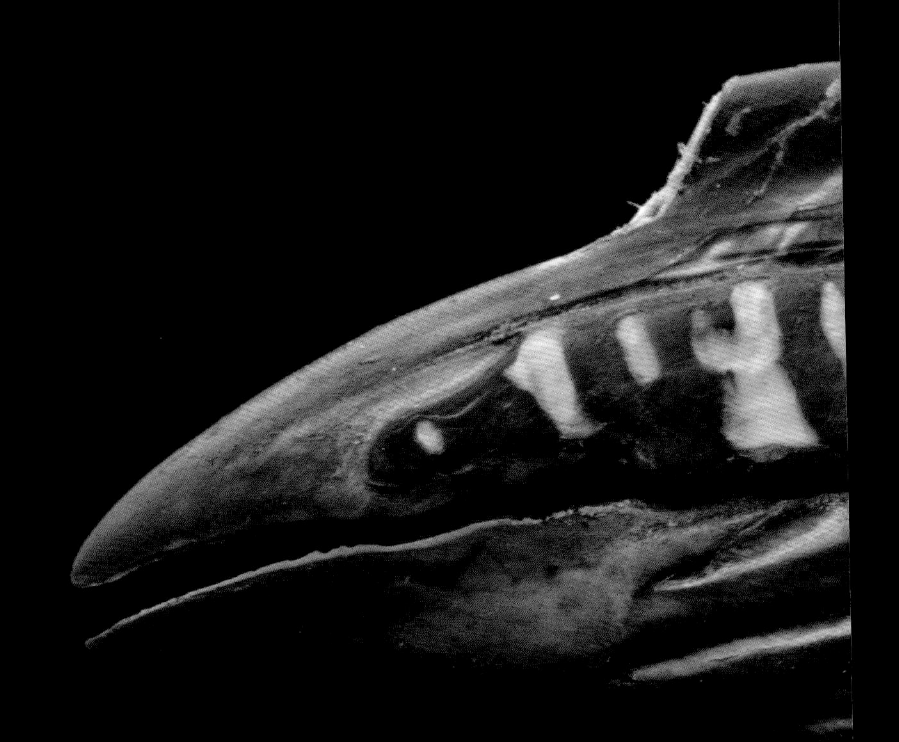

1825年，当弗列德利克·居维叶[1]首次正式描述小熊猫时，宣称它是“现存最英俊的哺乳动物”。这种动物眼睛乌黑而充满灵气，尾巴厚实浓密，尽管有着科学家极高的赞誉，它却避开了科学研究的聚光灯，隐居在喜马拉雅山脉高大森林中的树冠上。

小熊猫孤僻的生活方式，加之偏远的居住地，使得我们对这个物种的研究具有一定挑战性。在动物分类学方面，如今的小熊猫独树一帜，但同时它所处的这一支也日渐式微。与小熊猫亲缘关系最近的物种都已经灭绝了，而它们自身的野生种群也正在萎缩。目前据信有230～1060只野生个体，但是伴随着人类居住、开发和农业开垦等因素导致的森林砍伐，这一数字还在下降。一种看似如此熟悉的动物怎么能在我们面前逐渐衰落呢？而且它衰落的速度非常快，科学家们都还没有描绘其完整的生命图景。

仅仅凭借物种自身的魅力，是不足以保护其免受人类影响的。随着不断地努力去拯救世界上那些最知名的生物，我们越来越意识到这一点。我们在本章即将遇见的许多动物其实都不出名，但这应该也并不重要。这些动物向我们讲述了关于复苏能力的故事：一种只生活在印度洋某片海滩上的蜗牛，几乎快被鼠药所消灭；一种能学舌的鹦鹉，栖息在墨西哥的森林深处，却被非法宠物贸易商所垂涎；一种加勒比地区的蜥蜴，在80年前科学家们首次发现它之时，就已经濒临灭绝，但至今还有个体存活。这些动物留在我们这个星球上的印记，可能已经变得微弱，但它们依旧在这里存在着。所幸的是，我们还有时间，让这些印记变得更明亮，更显著，也更清晰。

至2019年1月，已有

9032个

物种被IUCN红色名录

列为“濒危”

P148–149图：棕尾斑嘴犀鸟（*Penelopides panini panini*），濒危

左图：小熊猫（*Ailurus fulgens fulgens*），濒危

右图：凤头僧帽猴（*Sapajus robustus*），濒危

---

① 居维叶（Frédéric Cuvier，1773–1838年），法国动物学家，小熊猫的命名者，曾于1835年获选为英国皇家学会外籍成员。

这个物种灭绝了吗？或许，还有一些遗孤躲藏在树冠的高处？没有人能给出答案。

——乔尔·萨托

波点箭毒蛙（*Oophaga arborea*），濒危

这种小型树栖蛙类的身宽仅为 20 毫米，居住在巴拿马云雾森林冠层的低处。像其他许多两栖动物一样，这些树栖蛙类患上一种被称为“壶菌病”的传染病的风险很高。

卡卡鹦鹉（*Nestor meridionalis*），濒危

这种群居性的新西兰鹦鹉在聚集时会无比喧闹，这使当地土著毛利人给它们贴上了“话匣子”和“八卦狂”的标签。如今，入侵物种与这些鹦鹉在食物和其他资源方面都存在竞争。

草原西貒（*Catagonus wagneri*），濒危

这种在沙漠中栖息的猪类在当地被称为“瓜猪”（taguá），它们主要取食多刺的仙人掌类植物。这些猪类会把仙人掌类植物放在地上滚来滚去，以去除表面的刺，它们的肾脏特别适合分解仙人掌叶肉中的酸物质。

在过去的三个世代中，亚洲象的种群数量已经至少减少了

50%

亚洲象（*Elephas maximus*），濒危

亚洲象虽然要比它们的非洲表亲略小，但体重也可达 5 400 千克。在 20 世纪初期，大约有近 10 万头这种温柔的巨人在地球上漫步。

蓝面镖鲈（*Etheostoma akatulo*），濒危

我们可以在田纳西州坎伯兰河（Cumberland River）的小溪和支流中，那些细砂和砾石铺设的河床上找到这种色彩缤纷的小鱼。农药和采矿排放的径流导致了水质的恶化，这意味着它们本就相对局限的栖息地正变得更狭小。

狮尾猕猴（*Macaca silenus*），濒危

在印度西南部丘陵地带的常绿林中，你可以找到引人注目的狮尾猕猴。它们的种群数量只剩下不到 4 000 只，而且分散成了一些支离破碎的小型亚群。

红领美狐猴（*Eulemur collaris*），濒危

我们只能在马达加斯加东南部的森林中找到这种狐猴。它们的种群中，雄性和雌性共享平等的领导权，并不像大多数狐猴那样，形成严格的母系群体。

野外幸存的成年个体数量

≈ 2 500

一道杂耍般的绿翅幻影，一声尖叫，一串笑声一样的啼鸣，一场在森林里互相梳理羽毛的聚会——这一切元素组成了厚嘴鹦鹉。它们曾经也是亚利桑那州和新墨西哥州的居民，但现在只在墨西哥的西马德雷山脉（Sierra Madre Occidental）的森林中才能发现它们的踪迹。这种具有社会性的鸟类栖息在树洞中，尤其喜欢选择已经被啄木鸟掏空的洞穴。成群的鹦鹉追寻着长有松果的地方，它们会剪下松果，并撕碎其外皮来取出松子。但是，墨西哥这一地区的森林受到广泛砍伐，加之非法宠物贸易，导致这种鸟类的数量急剧下降。最近的估算表明，在野外幸存的成年个体数目不到 2 500 只。

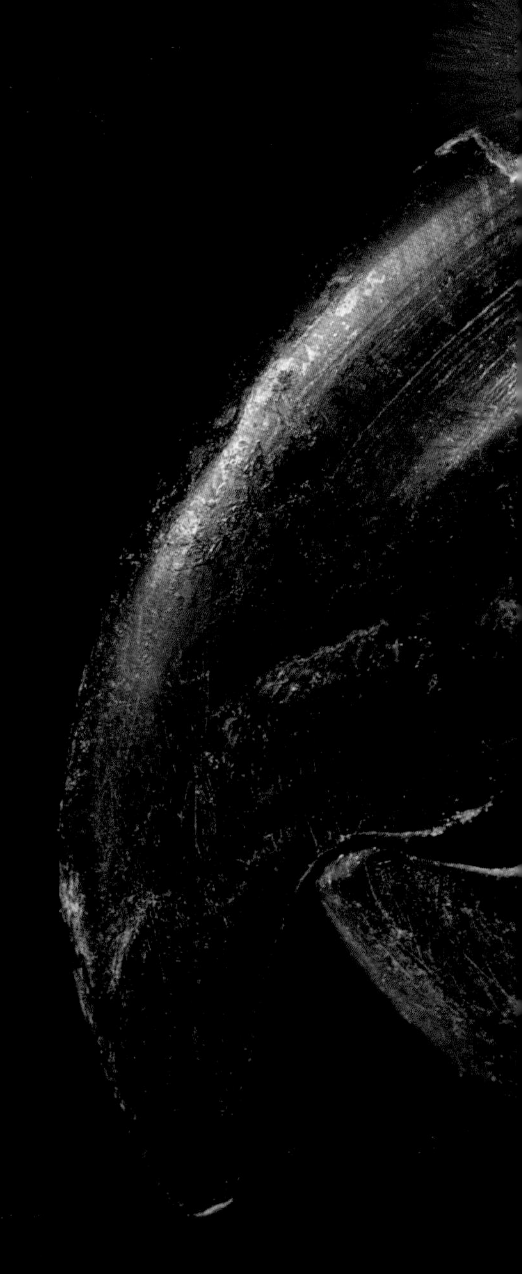

厚嘴鹦鹉（*Rhynchopsitta pachyrhyncha*），濒危

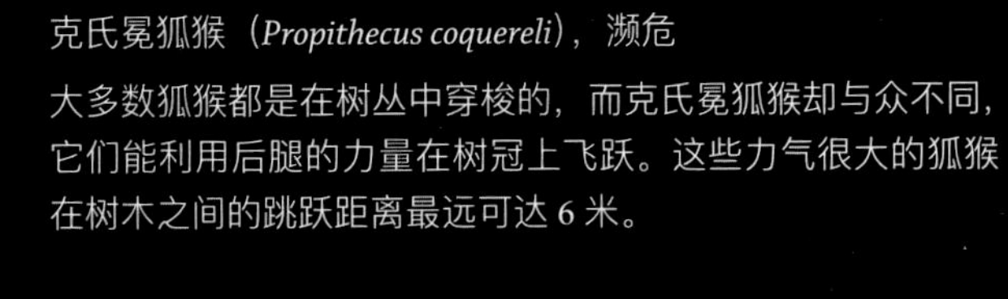

克氏冕狐猴（*Propithecus coquereli*），濒危

大多数狐猴都是在树丛中穿梭的，而克氏冕狐猴却与众不同，它们能利用后腿的力量在树冠上飞跃。这些力气很大的狐猴在树木之间的跳跃距离最远可达 6 米。

作为横跨水陆生活的生物，两栖类动物透过它们薄而多孔的皮肤来吸收水分以及重要的营养物质，任何对于这件精致外套的伤害都是致命的。这就是为什么壶菌病对两栖动物而言，就是一场噩梦。近几十年来，这种致命的疾病导致的个体死亡已经波及数百种两栖动物，这些死亡有时甚至就发生在研究人员的眼前。头一年刚被认为是有效的新物种，可能在下一年就濒临灭绝。真菌会引入致命的病原体，使这些两栖动物的皮肤变硬，并致使其心力衰竭。科学家们推测其后果，认为这种臭名昭著的疾病会让大约 200 种两栖动物灭绝或接近灭绝。但有些物种，例如美国牛蛙，似乎具有抗菌性，也许可以提供控制壶菌病的线索。

上排从左到右：巴拿马金蛙（*Atelopus zeteki*），极危；具蹼丑角蛙（*Atelopus palmatus*），极危；铅色囊蛙（*Gastrotheca plumbea*），易危；
下排从左到右：塔氏盗蛙（*Craugastor tabasarae*），极危；埃斯帕达囊蛙（*Gastrotheca testudinea*），无危；利蒙斑蟾（*Atelopus spumarius*），极危。

伊比利亚猞猁（*Lynx pardinus*），濒危

2001 年时，野外只剩不到 100 只伊比利亚猞猁。在过去的 20 年里，保护工作已经使这一数字达到了 400 只，现在这种动物正在葡萄牙和西班牙寻找新的领土。

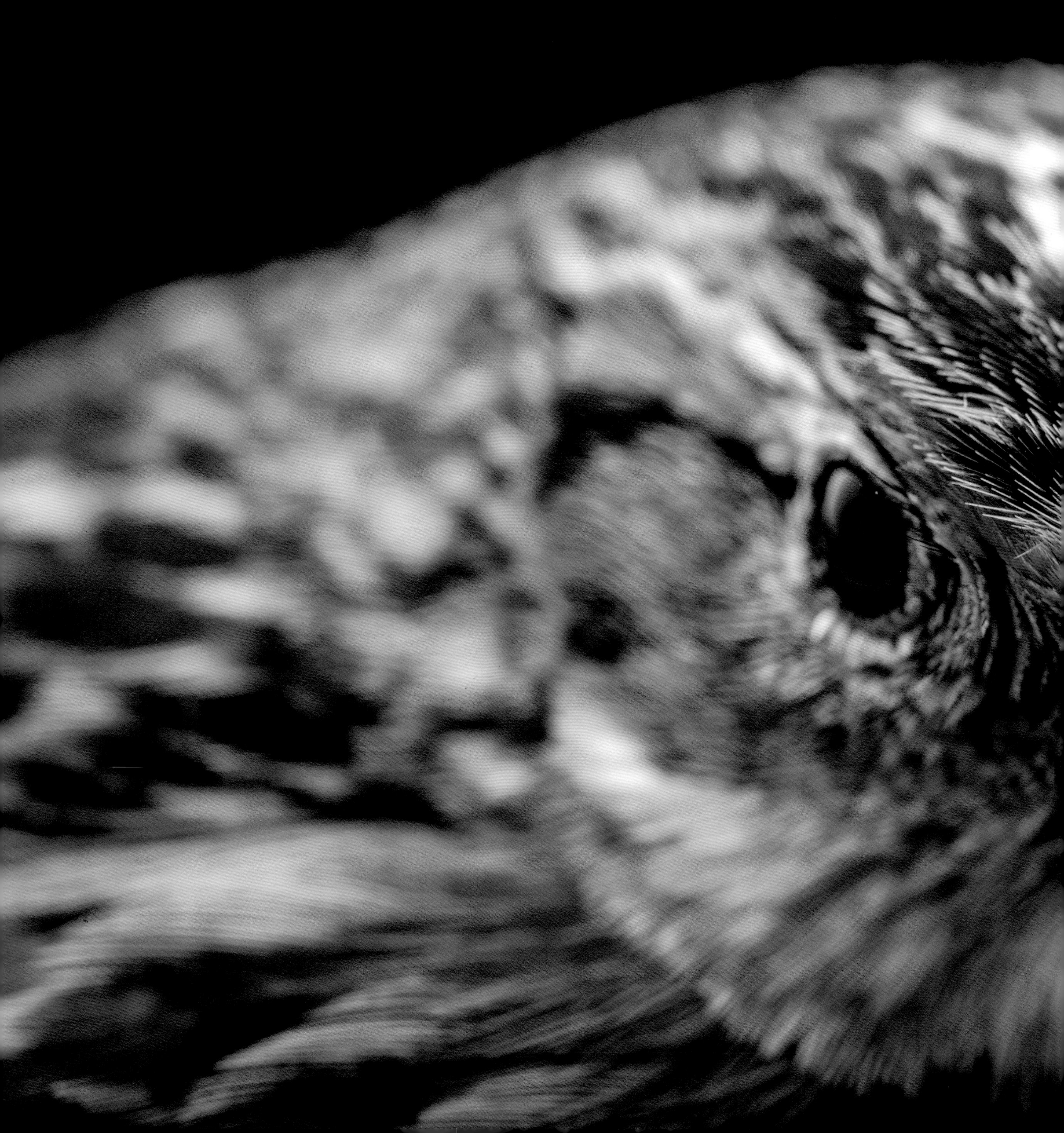

保育也关乎人类自己。人类只有理解动物们的处境，同时知道自己能充当什么样的角色，才能挽救这些物种。一种达到上述效果的方式就是目击。一旦我们能亲眼见到一头犀牛或是一只霍加狓，就会跟它们建立起一种联系。这种联系过目难忘，不会磨灭。

——史蒂夫·舒尔特（Steve Shurter）
白橡树保育执行董事

黄胸草鹀佛罗里达亚种（*Ammodramus savannarum floridanus*），无危
自然保护人士正在努力去拯救这一独特的亚种，它曾被认为是“美国大陆最濒危的鸟类”。圈养繁殖和重新引入计划的成功，正在将这种雀类从灭绝的边缘拉回。

四眼斑水龟（*Sacalia quadriocellata*），濒危

这种淡水龟类真正的眼睛其实只有两只。它的英文名字“four-eyed turtle”来源于头顶上呈现的四个眼斑。

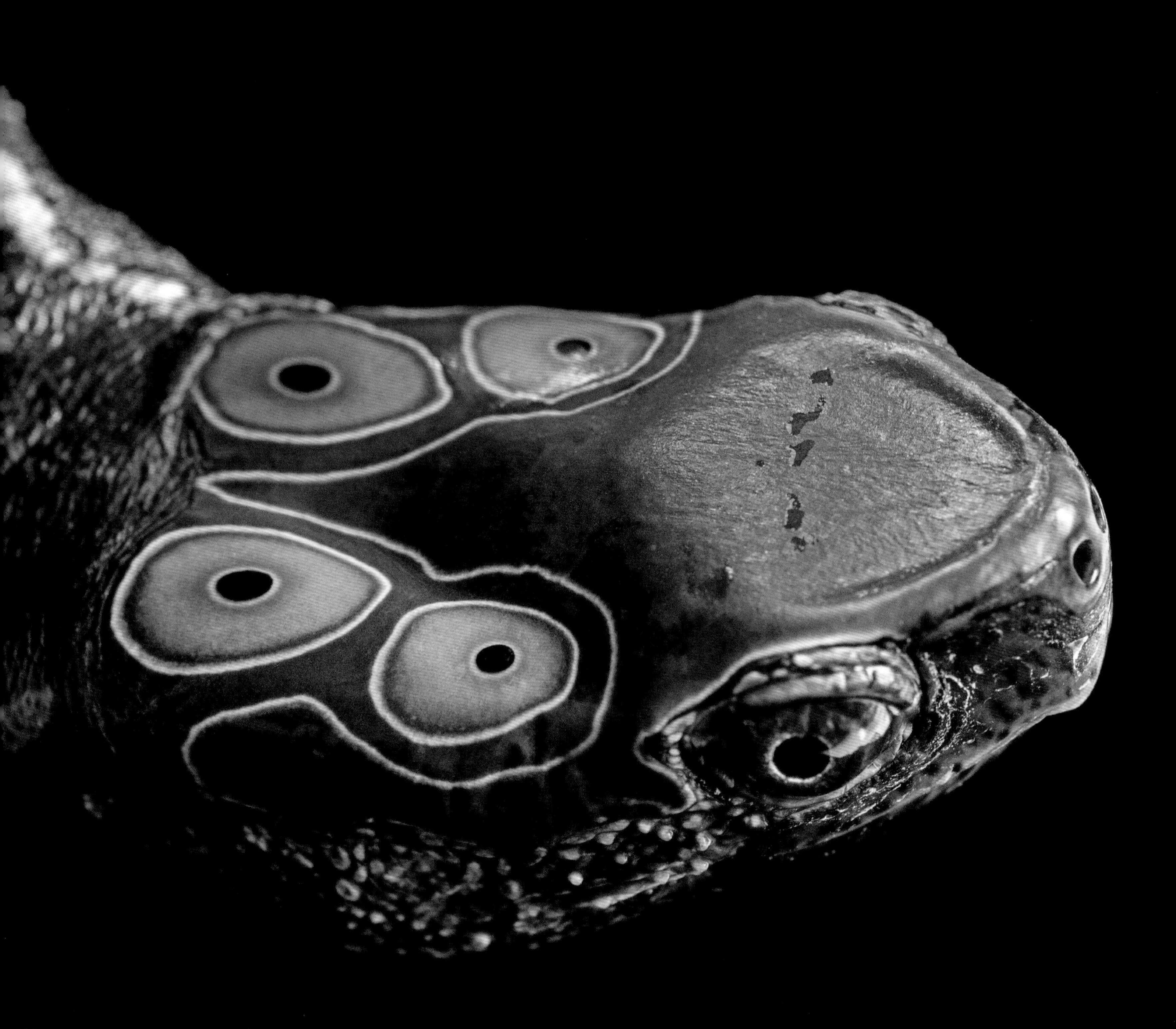

阿拉巴马泥螈（*Necturus alabamensis*），濒危

这种蝾螈原产于阿拉巴马州的黑勇士河（Black Warrior River），水质的劣化威胁着这种神秘莫测的动物。由于这些蝾螈通过皮肤进行呼吸，掺杂了采矿排放、农业污染和城市垃圾的地表径流，会直接影响它们的健康。

富山草蜥（*Takydromus toyamai*），濒危

这种小蜥蜴被发现于日本宫古群岛（Miyako Islands）上约 200 平方千米的区域内。黄鼠狼和孔雀的引入，给这些岛屿上的草蜥带来了新的捕食者。

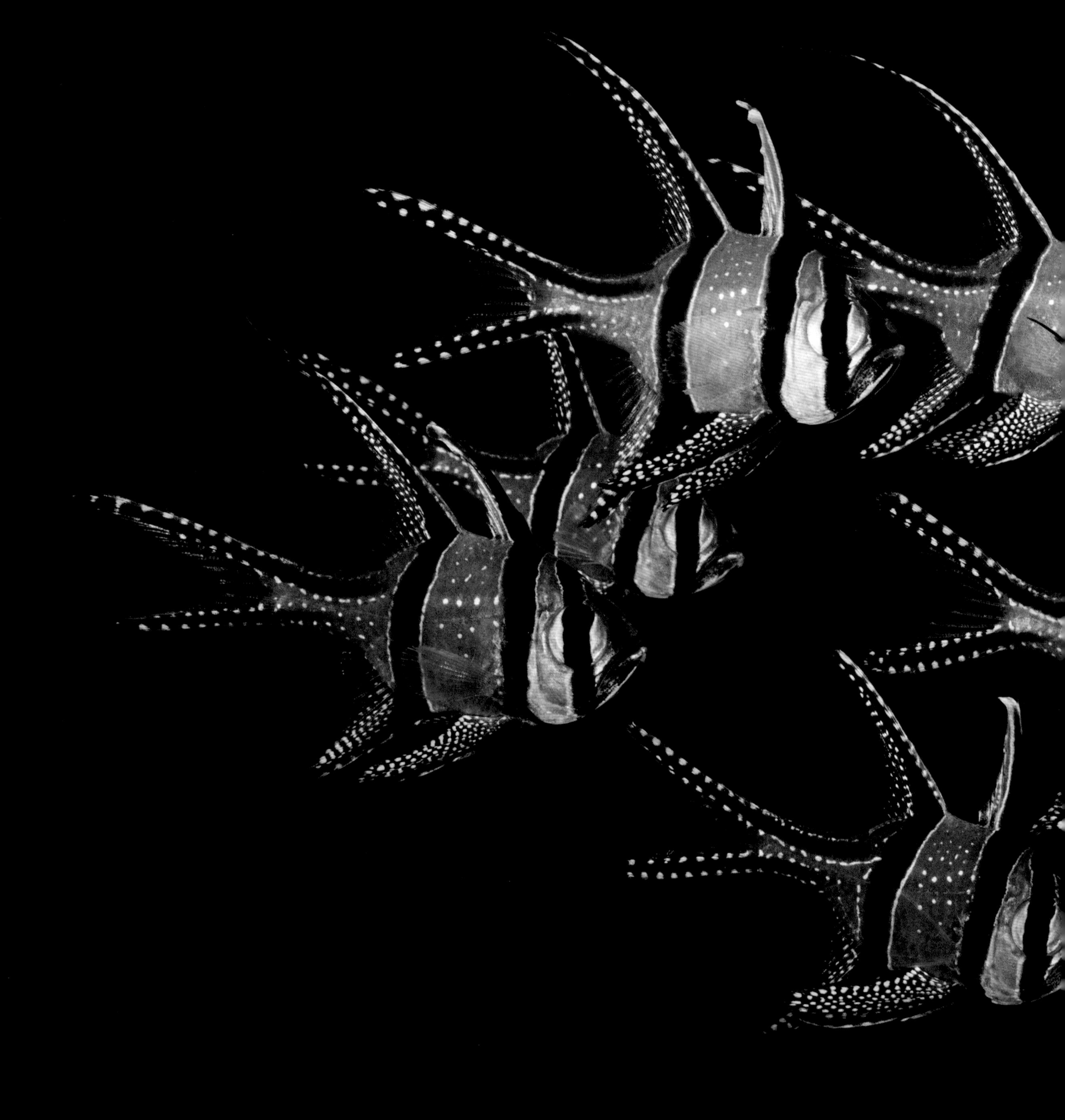

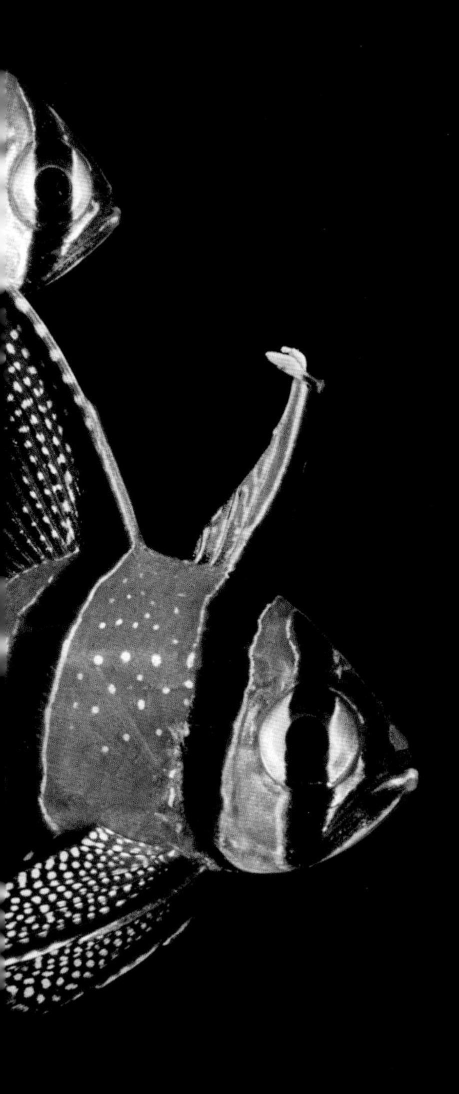

2001—2004 年，一个有着 **6 000** 个体的考氏鳍竺鲷种群数量下降了

99%

考氏鳍竺鲷（*Pterapogon kauderni*），濒危

考氏鳍竺鲷是广受欢迎的观赏鱼，但目前几乎所有被售卖的个体都源自野外捕捉。

菲律宾鼷鹿（*Tragulus nigricans*），濒危

菲律宾鼷鹿肩高仅约 18 厘米，是世界上最小的有蹄动物。这种可爱的小动物常常作为食物而遭到人类的猎杀，或被陷阱捕获贩卖到异宠市场上。

倭河马（*Choeropsis liberiensis liberiensis*），濒危

倭河马生活在丛林中，体重仅为其广泛分布的近亲——河马的十分之一。尽管绝大多数倭河马如今生活在受保护的公园、保护区及动物园中，但非法狩猎依然严重威胁着这一物种的延续。

浅色鲟（*Scaphirhynchus albus*），濒危

自恐龙时代起，这些硕大的鱼类就已经在密苏里河流域繁衍生息。它们身覆骨板，而非大部分鱼类身上的鳞片，体重可达 36 千克，可以活到近 100 岁。

野外幸存的成年个体数量

对于绝大多数动物而言，叶子并没有什么吸引力：纤维素难以消化，营养价值也很低。不过对于爪哇叶猴则有所不同，它们生活在树上，周围的叶子就是它们的美味佳肴。这种叶猴的消化系统相当特化，其中所含的微生物令它们能够消化大量的树叶，榨取其中赖以生存的营养和能量。这种猴子白天时非常活跃，具有相当高的社会性。它们会花大量时间来梳理毛发和寻找食物，而猴宝宝们则会滚在一起打闹玩耍。爪哇叶猴最初发现于印度尼西亚爪哇岛的雨林中，随着岛上的雨林被摧毁殆尽，它们逐渐退居到了受保护但碎片化的山地丛林中。爪哇叶猴对树叶的偏爱为我们带来了关于其他雨林生物保护的启发：如果我们努力去保护爪哇叶猴的雨林家园，那么我们同时也在保护着其他生活于此的生物。

马里亚纳果鸠（*Ptilinopus roseicapilla*），濒危

棕树蛇的入侵迫使诸多物种包括马里亚纳果鸠，走上了灭绝之路。这种果鸠在曾广泛分布的关岛上已经绝迹。而随着棕树蛇在其他岛屿上的登陆，它们的未来岌岌可危。

班乃岛狐尾云鼠（*Crateromys heaneyi*），濒危

这些树栖的小啮齿动物仅发现于菲律宾的班乃岛上，帚状的长尾巴足足占了身体全长的一半。

爪哇野牛（*Bos javanicus javanicus*），濒危

爪哇野牛目前的存活总数估计为 8 000 只，其中超过一半个体来自柬埔寨的一个亚群，其余则零星分布于爪哇、泰国和马来西亚。

绝大多数人都不曾知晓这种动物有多么的珍稀，更不曾关注如何去保护它。在他们眼里，它不过就是一头普通的牛而已。

——乔尔·萨托

斑纹鲍（*Haliotis kamtschatkana*），濒危

由于人类的过度捕捞，太平洋中这种鲍鱼的种群密度锐减，野外数量已不足以进行可持续地繁衍。如果没有人类的干预性保护，这一物种的灭绝近在眼前。

金头狮面狨（*Leontopithecus chrysomelas*），濒危

这些小猴子仅发现于巴西南部，以家庭为单位繁衍生息。金头狮面狨实行一夫一妻制，双亲会共同承担起抚育后代的责任。

1935–2002年

这种动物在野外彻底销声匿迹

缅甸棱背龟（*Batagur trivittata*），濒危

2002年，科学家们在一个寺庙的池塘中发现了缅甸棱背龟的身影，而这距离它的上一次现身，已经过去了60多年。基于这个重新发现的小种群，人们繁育出了300多个个体，并开始尝试对它们进行野外放归。

黑猩猩（*Pan troglodytes*），濒危

黑猩猩与人类的基因组具有近 99% 的相似度。从使用工具到使用语言，这种社会性的灵长类有着很多和我们十分类似的行为。“影像方舟”计划对黑猩猩的首次拍摄以失败收场：它探头看了一眼摄影棚，迅雷不及掩耳地扯掉了我们的背景布。

野外幸存的成年个体数量

≈ 2 250

新喀里多尼亚的卡纳克原住民称鹭鹤为“丛林里的幽灵”。这种几乎失去了飞行能力的鸟类生活在密林之中，它们身披灰色的羽毛，看上去很像鹭。拂晓之时，它会边巡视自己的领地，边发出嘹亮的鸣唱，其他时间则会发出较为低沉的嘶嘶声。鹭鹤有着独一无二的喙部：它的鼻孔上覆盖着玉米粒状的折板，可能在它掘土觅食各种蠕虫、昆虫、蜗牛和蜥蜴时，这一结构能够避免它吸入尘土。鹭鹤为一夫一妻制，保持着长期乃至终身的婚配关系。双亲轮流孵卵和育雏，幼年鹭鹤可能在父母的领地上度过长达 6 年的时光，才最终独立。和很多岛屿物种一样，欧洲殖民者以及随之而来的外来哺乳动物对鹭鹤造成了严重的威胁。它们成了猪和狗的猎食对象，最近的估测认为鹭鹤的野外个体数目已仅剩约 2 000 只。不过，科学家们对于鹭鹤的未来仍抱有希望：数十年成功的人工繁育已经野外放归了不少个体，对于捕食者的控制也使得一些野外种群数量有所回升。鹭鹤本已在生与死的边缘徘徊，而持续的保护工作最终令它们摆脱了化作幽灵的不幸命运。

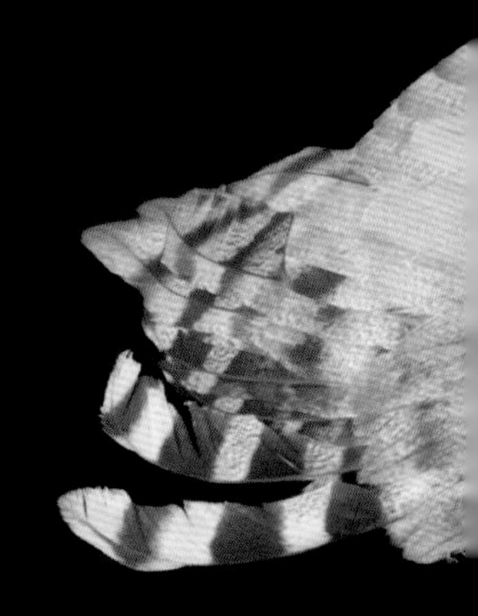

鹭鹤（*Rhynochetos jubatus*） 濒危

苏眉鱼（*Cheilinus undulatus*），[illegible]

苏眉鱼以海星、海兔和各种软体动物为食，体重可达 180 千克。一些苏眉鱼能够进行性别的转换，幼年时的雌性可能在成年时变成了雄性。

豺（*Cuon alpinus*），濒危

豺是犬科中的一员，但较为特殊，并不能归入哪个亚科之中。和其他的犬科成员一样，豺也是社会性动物，它们在狩猎时会通过不同的叫声来进行沟通协作。

袋食蚁兽（*Myrmecobius fasciatus*），濒危

这种娇小的澳大利亚有袋类如今的野外个体数已不足 1 000 只。狐狸和家猫的捕食是导致它们数量锐减的重要原因。

黑足鼬（*Mustela nigripes*），濒危

黑足鼬在 20 世纪 80 年代时几近灭绝，随后却奇迹般地生还了下来。虽然最后的野外种群仅剩 18 个个体，但基于这些幸存者的人工繁育工作获得了成功，黑足鼬如今的数目已达数百只。

我们必须枕戈待旦，因为我们的行动决定着它们的未来。

——杰米·拉帕波特·克拉克（Jamie Rappaport Clark）

野生动物保卫者主席兼首席执行官

民间疗法

长久以来，人们都在借助动物和植物来治疗疾病、缓解疼痛，很多现代药物也是提取或研发自野生动物。然而，为了一些并未得到证实的民间疗法，人们疯狂捕猎中华穿山甲、东部黑犀、长鼻猴和其他动物，将它们一步步推向了灭绝的深渊。研究人员估计在过去 10 年间，近 100 万只穿山甲被拖出了亚洲和非洲的丛林，贩卖到了中国和越南。这一惨剧的发生只是因为人们荒谬地笃信，穿山甲鳞片对于风湿、皮肤病，甚至癌症，有着神奇的疗效。很多动物保护人士相信，如果各国政府能够全面禁止穿山甲制品的贸易，就能力挽狂澜拯救回这种濒危动物。中国在 2017 年禁止象牙贸易后，仅仅一年时间，象牙的需求量和成交量就发生了明显地下跌。

上排从左到右：白兀鹫（*Neophron percnopterus*），濒危；线纹海马（*Hippocampus erectus*），易危；白腹穿山甲（*Phataginus tricuspis*），易危；

下排从左到右：扬子鳄（*Alligator sinensis*），极危；长鼻猴（*Nasalis larvatus*），濒危；墨西哥钝口螈（*Ambystoma mexicanum*），极危；东部黑犀（*Diceros bicornis michaeli*），极危。

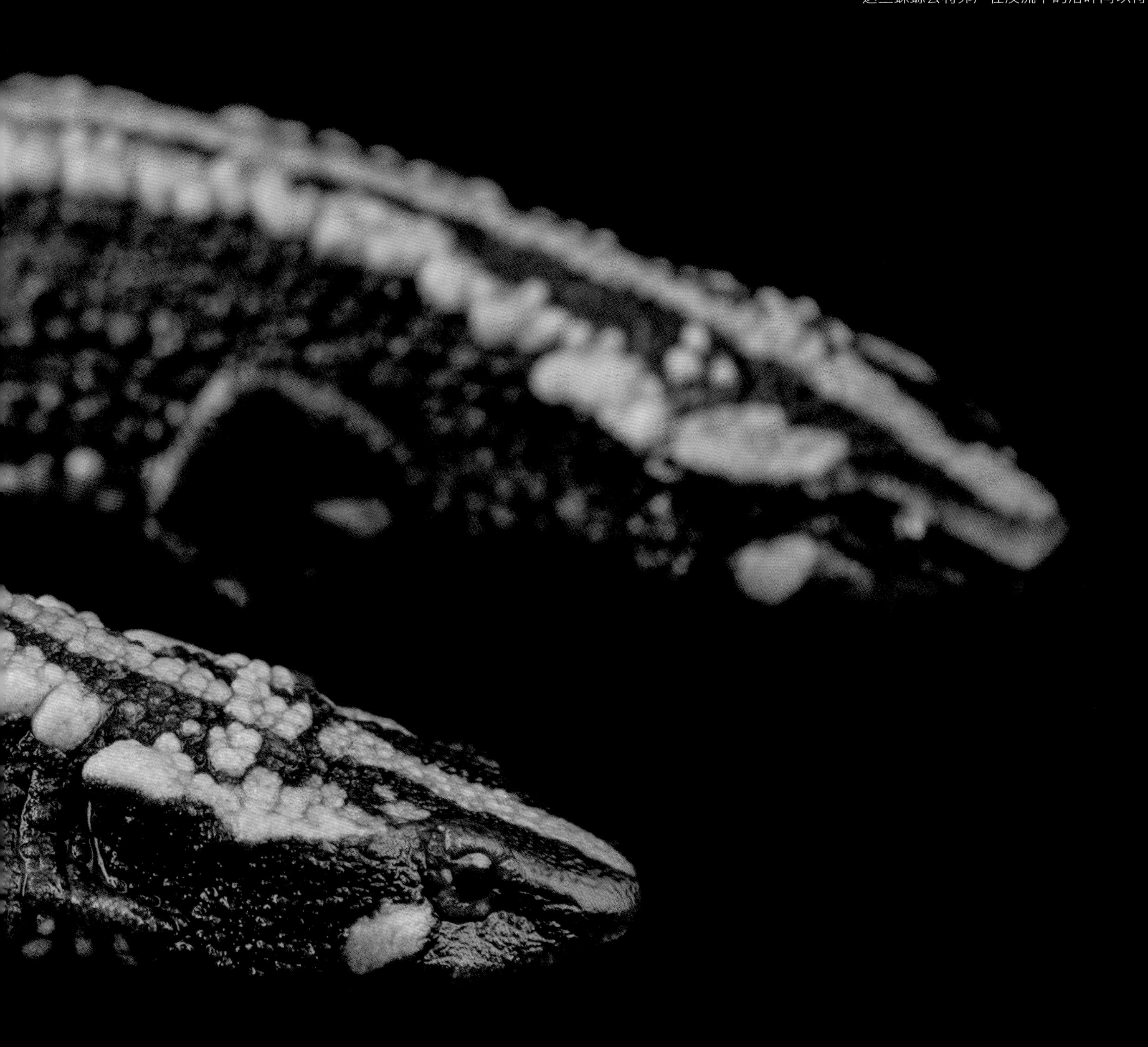

老挝螈（*Laotriton laoensis*），濒危

这些蝾螈会将卵产在溪流下的落叶间以待孵化。

黄腿山蛙（*Rana muscosa*），濒危

黄腿山蛙原产于加州内华达山脉的湖泊之中。人们为了满足垂钓需求，在这片区域引入了非原生的鲑鱼，而这些鲑鱼几乎让黄腿山蛙全军覆没——超过99% 的野生黄腿山蛙从此消失了。

赤树袋鼠（*Dendrolagus matschiei*），濒危

赤树袋鼠如今的数量已下降至过去的 1%，它们的危险境地直接促成了巴布亚新几内亚首个保护区的建立。尽管已加以保护，但非法偷猎和采伐森林使得它们的数量依然不断下滑。

洪都拉斯棕榈蝮（*Bothriechis marchi*），濒危

生活在洪都拉斯的这种棕榈蝮境况堪忧，因为它们的主要食物来源——两栖动物在不断地减少。在疾病和栖息地丧失的夹击之下，它们和自己的猎物一起逐渐消失了。

为什么要关注蛇？如果没有它们，我们可能已经被耗子淹没了。

——乔尔·萨托

野外幸存的成年个体数量

≈ 7 700

即使是最微小的生物，也有大故事可以说。这种蜗牛生活在塞舌尔的一座小岛——弗雷格特岛的一小片海岸之上，它跌宕起伏的故事至今仍未完结。2001年时，人们在弗雷格特岛上投毒试图清除入侵的兔子，不曾想差点让这种蜗牛遭受了灭顶之灾：仅仅两年时间，它们的数量断崖式下跌了 87%。最近的一次调查估计它们的数量约为 7 700 只，不过既然兔子和灭兔药在岛上都已成历史，科学家期待着它们能够涅槃重生。这种蜗牛也许极为稀少，但相当吸睛。弗雷格特岛是一个私人岛屿，主要用途是高端旅游，而本土动物保护是其主要卖点之一，这种微小生物正是其中不可忽视的一员。

弗雷格特岛蜗牛（*Pachnodus fregatensis*），濒危

火山兔（*Romerolagus diazi*），濒危

这种可爱的小兔子简直兔如其名，它们的栖息地仅局限于墨西哥的四座火山：波波卡特佩特火山、伊斯塔西瓦特尔火山、佩拉多火山和特拉洛克火山。

喀拉米豚鹿（*Axis calamianensis*），濒危

在遇到障碍物时，大部分鹿会一跃而起跳过去，而这种鹿则不然，它们往往会低头从灌木丛下钻过去。这种特殊的行为也是它们名字的由来：像小猪一样的鹿。

每年死于交通事故的袋獾超过

2000只

袋獾（*Sarcophilus harrisii*），濒危

尽管交通事故影响着袋獾的数量，但它们最大的威胁来自一种传染性疾病：袋獾面部肿瘤病。这种袋獾的致命疫病首次发现于1996年，至今人们仍未找到有效的治疗方法。

枯叶侏儒变色龙（*Brookesia minima*），濒危

作为世界上最小的爬行动物，侏儒变色龙和你的指甲盖差不多大小。如此细小的体型意味着它对于丛林下层环境的变化极其敏感。

印支乌叶猴（*Trachypithecus germaini*），濒危

人们对于这种主要生活在柬埔寨的猴子知之甚少，甚至于它是不是一个独立的种都尚有争议。森林和栖息地的消失不断削减着印支乌叶猴的数量，使得发现和研究它们都难上加难。

灰冠鹤（*Balearica regulorum gibbericeps*），濒危

灰冠鹤跳舞时会做出跳跃、屈身、振翅等多种动作，宛如优雅的芭蕾舞演员。跳舞是它们吸引配偶的重要技能，同时还有着交流沟通的功能。

巨獭（*Pteronura brasiliensis*），濒危

这种南美的巨型水獭能够长到 32 千克重，足足是它们北美近亲的两倍。巨大的体型令它们鲜有对手，只有类似美洲狮和美洲豹这样强悍的猎手才有可能猎杀它们。

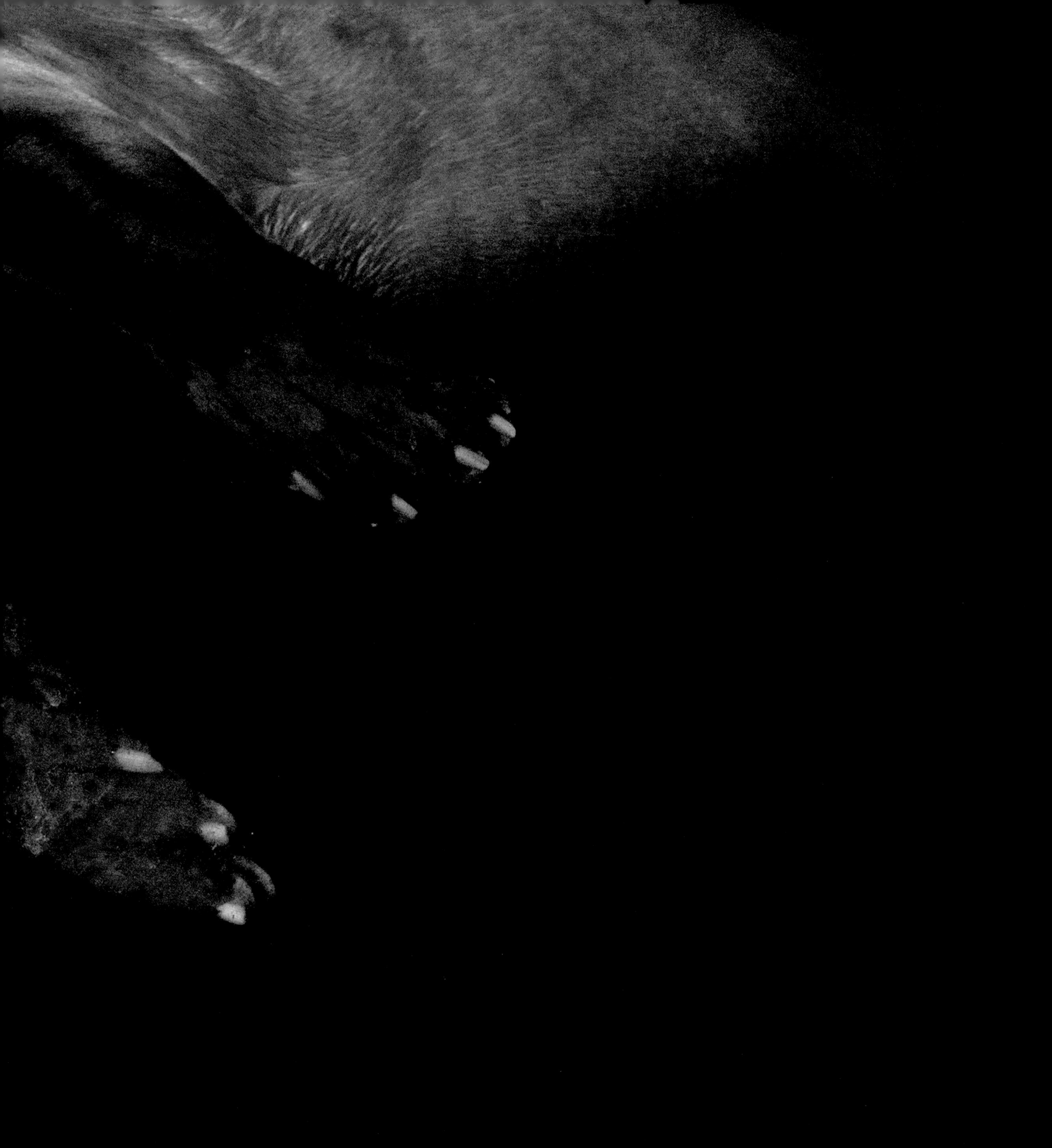

每 年 遭 捕 获 的 猎 隼 多 达

8 400。

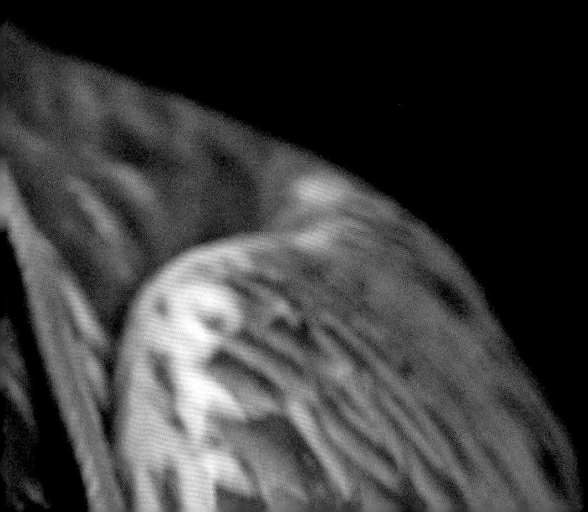

猎隼（*Falco cherrug*），濒危

为了提升繁殖率，人们在蒙古为猎隼建起了 5 000 多个人工巢穴。图中的猎隼戴着特制的面罩，为了令这种猛禽在运输过程中保持平静。

希拉鳟（*Oncorhynchus gilae gilae*），濒危

山火在摧毁陆地生物的同时，也威胁着水生生物的存活。在人们倾力保护希拉鳟多年以后，一场新墨西哥州山火所产生的烟尘几乎将这种淡水鱼类一网打尽。

细纹斑马（*Equus grevyi*），濒危

细纹斑马的足迹曾经遍及肯尼亚、索马里和埃塞俄比亚的广袤大地，如今却萎缩到仅剩肯尼亚和埃塞俄比亚的零星小种群。它们是社会性动物，且常常和其他动物比如鸵鸟、羚羊等混在一起。

非洲野犬（*Lycaon pictus*），濒危

非洲野犬因其毛色也被称为“杂色狼”，是非洲草原上的顶级猎手。它们通过团队协作，可以捕猎大型的食草动物，比如瞪羚和角马。栖息地碎片化和传染病流行是非洲野犬面临的最大生存挑战。

南非兀鹫（*Gyps coprotheres*），濒危

农场主为了对抗猎捕牲畜的野生动物，有时会在牲畜尸体上下毒，而南非兀鹫常常会因此而被殃及池鱼。作为食腐者，它们往往会共同享用一份尸体大餐。

野外幸存的成年个体数量

马达加斯加大跳鼠是马达加斯加岛上体型最大的啮齿类动物，成年个体会长到兔子大小。它们是一种非常重视家庭的动物。雄性在离家开拓自己的领地前，会和父母共度一年的时光，而雌性则是两年。大跳鼠为一夫一妻制，雄性也会积极承担起育幼的责任，还会在自家领地上贴身保护自己的后代。然而，人类长期以来的移民活动，使得大跳鼠的栖息地逐渐萎缩，还引发了野狗等外来捕猎者的入侵。与此同时，气候变化使得大跳鼠的生存环境在最近几十年愈发干旱。幸运的是，绝大部分马达加斯加大跳鼠如今都生活在保护区内，德雷尔野生动物保护组织数十年如一日的保育工作也获得了成功。

马达加斯加大跳鼠（*Hypogeomys antimena*），濒危

咖啡的代价

我们为一杯咖啡付出的真正代价是什么？不是金钱，而是拉丁美洲热带雨林中不断消失的生命。为了满足全世界人民对咖啡的青睐，咖啡厂商每年会砍掉 1 000 平方千米的苍翠雨林来大规模种植咖啡豆。对于需要大领地或依赖整个森林系统来觅食和藏身的动物而言，这是毁灭性的打击。举例而言，20 世纪 70 年代到 90 年代时，人们发现具有迁徙至热带过冬习性的鸣禽数量大幅下降，而这一变化恰好与哥伦比亚为了种植咖啡豆而大量砍伐森林的时间相吻合。哥伦比亚是咖啡豆出口大国，但同时，它也是超过 1 900 种鸟类的家园。

上排从左到右：黑掌蜘蛛猴（*Ateles geoffroyi*），濒危；金颊黑背林莺（*Setophaga chrysoparia*），濒危；长尾虎猫（*Leopardus wiedii*），近危；

下排从左到右：小斑虎猫（*Leopardus tigrinus*），易危；蓝嘴凤冠雉（*Crax alberti*），极危；懒吼猴（*Alouatta pigra*），濒危；金帽锥尾鹦鹉（*Aratinga auricapillus*），近危。

白额卷尾猴（*Cebus versicolor*），濒危

过去 48 年间，白额卷尾猴在哥伦比亚的原始栖息地不断遭受破坏，致使它们的数量锐减了一半以上。

银灰长臂猿（*Hylobates moloch*），濒危

爪哇雨林的林冠是银灰长臂猿赖以生存的家园，但不幸的是，这些雨林正在迅速消失。森林砍伐和农业化急剧地蚕食着这些长臂猿的森林，使得它们的种群越来越小，越来越碎片化。

研究工作是我的责任，而教授未来的动物保护者如何进行研究也同样义不容辞。只有越来越多的人参与进来，才会出现越来越多的保护措施，这些动物才会受到越来越多的关注。

——扎卡里·拉夫曼（Zachary Loughman）

西自由大学生命与动物学及应用保护生物学副教授

盖河螯虾（*Cambarus veteranus*），数据缺乏

这种小虾在 2016 年时被联邦政府列为濒危物种。它们生活在西弗吉尼亚州盖恩多特河流域，而附近如火如荼的采矿业造成了严重的水体污染，极大地威胁着它们的生存。

银石箭毒蛙（*Ameerega silverstonei*），濒危

这种小箭毒蛙生活在秘鲁的阿苏尔山地区。它也许并没有其他箭毒蛙所拥有的剧毒，但明艳的体色依然昭示着它的危险性。

盔凤冠雉（*Pauxi pauxi*），濒危

一如其名，盔凤冠雉的前额上有着硕大的盔状头冠。当繁殖季节来临时，这一结构能够像扩音器一样，令雄性盔凤冠雉低沉的鸣声传得更远。

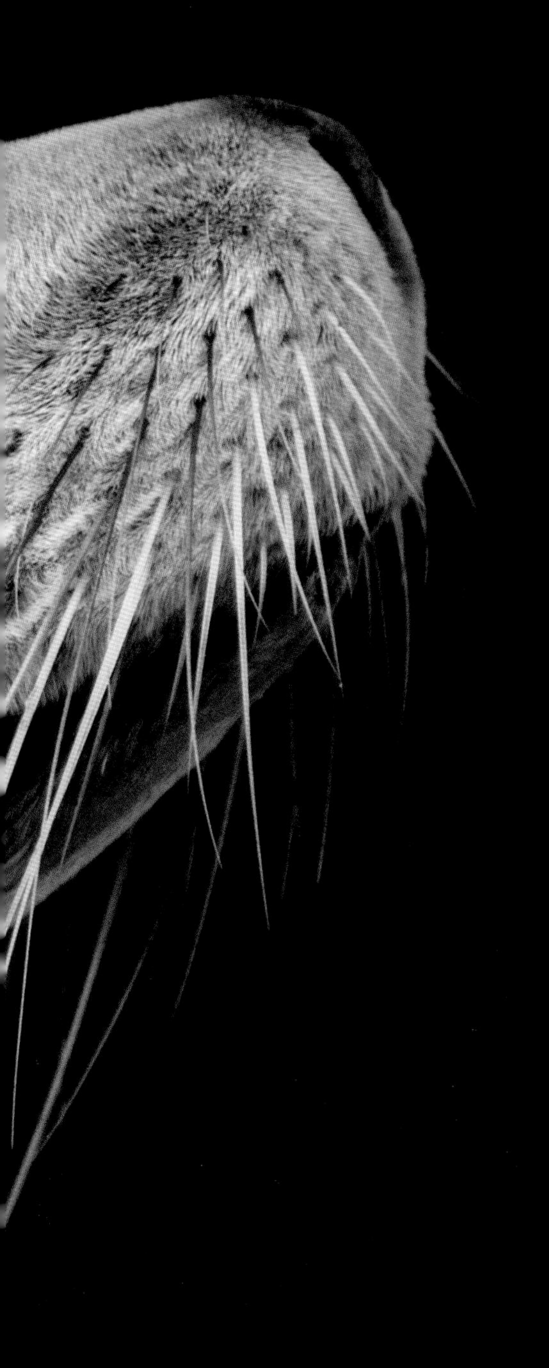

仅隔三个世代，澳洲海狮
的 种 群 数 量 骤 减 了

57%

澳洲海狮（*Neophoca cinerea*），濒危

人类在很长一段时间里，都大肆捕猎海狮和其他海洋哺乳动物作为食物或其他用途。尽管澳洲海狮如今已受到保护，但距离其恢复被人类疯狂掠杀前的种群数量仍任重道远。

绿孔雀（*Pavo muticus muticus*），濒危

作为蓝孔雀这一明星鸟类的近亲，绿孔雀曾广泛分布于东南亚地区。随着森林砍伐和盗猎的日益猖獗，绿孔雀的种群数量急剧下跌，雄性绿孔雀更是因其华丽绚烂的尾羽而饱受屠杀。

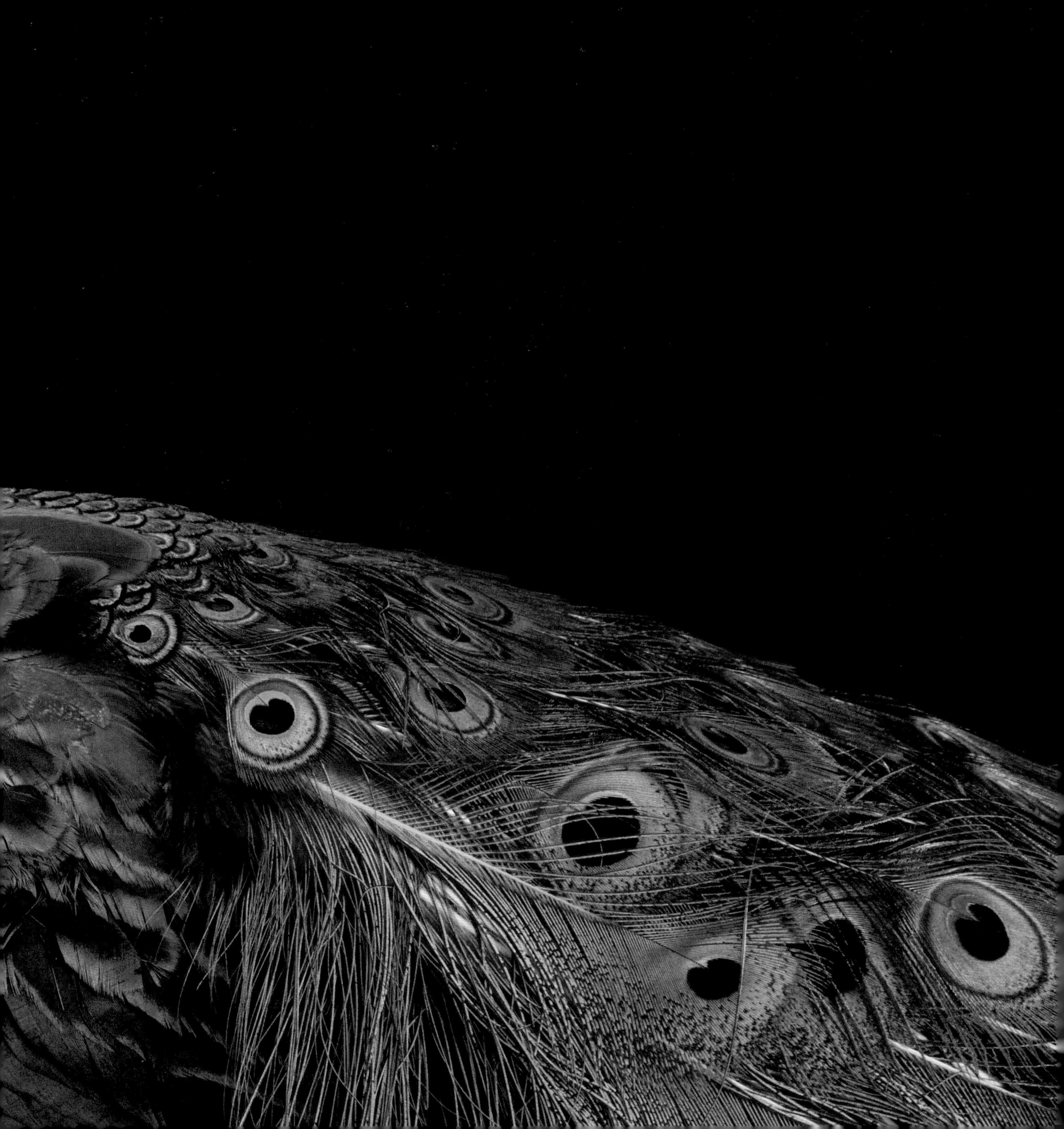

白枕白眉猴（*Cercocebus lunulatus*），濒危

2008 年以前，白枕白眉猴一直被归为白颈白眉猴的一个亚种。这两种白眉猴亲缘关系非常近，但生存空间彼此不覆盖，同时还有着身体结构的明显区别。

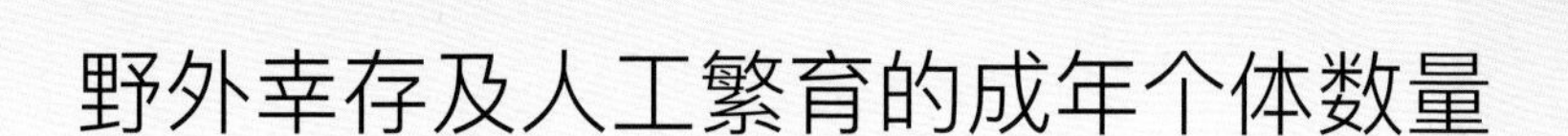

蓝岩鬣蜥的背上满是棘刺，体色在繁殖季节极为艳丽。就像环绕着它故乡岛屿的加勒比海一样，这种生物有着震撼人心的美。当科学家们 1940 年首次描述它时，它就已然在灭绝的边缘徘徊了。这种鬣蜥仅在大开曼岛上有少量分布，家猫和家犬的捕食长年累月地威胁着它的生存，而数十年的人类开发更是将它的栖息地缩减到了不足 26 平方千米。出乎意料的是，蓝岩鬣蜥展现出了极其顽强的生命力：数个人工保育和野外放归项目均进展顺利。此外，面对人类建造的钢铁森林，蓝岩鬣蜥也毫不畏惧地将其开辟成了自己的栖息地。尽管满怀希望，但保护人员仍肩负着为蓝岩鬣蜥拓展更多保护区的迫切任务。如果没有更大力度的保护，这一物种仍旧难以摆脱灭绝的噩梦。

蓝岩鬣蜥（*Cyclura lewisi*），濒危

第四章

黯淡

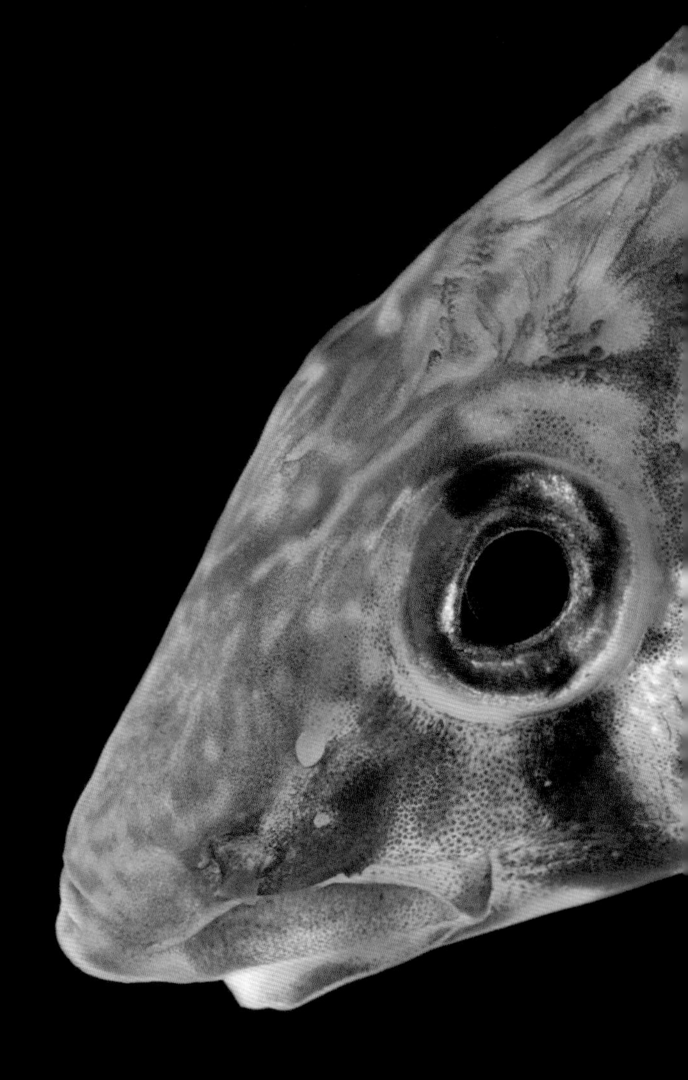

当一个房间里灯火辉煌，突然熄灭的灯光定会惊起四座。那么，若是将灯光一点一点调暗呢？如果每一次的调节都极其细微，人们将无法察觉。动物的灭绝亦是如此。种群数量可能在短时间内急剧锐减，也可能在长年累月间稳步下跌。无论是何种方式，当数量下降越过了警戒线，科学家们耳畔的警钟便会轰然敲响。

2017 年时，属于雪鸮的这声钟鸣终于响彻。多年以来，这个北极苔原上的黄眼睛守卫者在 IUCN 红色名录上一直处于无危状态。有记录显示，雪鸮甚至造访过美国东部的机场和海滩，最南直至佛罗里达州。尽管这种猫头鹰广受人们喜爱，只要现身便会登上头条，但科学家们意识到它们的现状其实不容乐观。全球变暖是雪鸮的头号劲敌：过早的春天、融化的雪原和波动的猎物数量，都威胁着雪鸮的生存。雪鸮的种群数目曾被估计在 200 000 只左右，随后却发现事实上仅存有约 28 000 只，于是在 IUCN 名录上从“无危”一跃成了“易危”。至此，雪鸮的警钟正式敲响。

对于那些险些灭绝，却因严密的保护得以重返世间的物种而言，一点仅存的星火就是最后的希望，比如本章中将提及的阿拉伯大羚羊和马略卡产婆蟾。然而，对于绝大部分动物来说，灯火的逐渐黯淡预示着未来长久的痛苦挣扎。每一次警钟响起，都应当是人类的一次自我警醒。如果我们立刻行动起来，也许就能再度点燃黯淡下来的灯火。那些曾在天地间无比闪耀的生灵们，也许就能抓住一线希望，重现辉煌。

至 2019 年 1 月，已有

11 982 个

物种被 IUCN 红色名录

列为“易危”

P256–257 图：王小鲈（*Percina rex*），易危

左图：雪鸮（*Bubo scandiacus*），易危

右图：帝王蝾螈（*Neurergus kaiseri*），易危

北极熊（*Ursus maritimus*），易危

北极熊是北美最大的食肉类，它们依赖着北极圈内的海冰进行迁移和狩猎。海冰消失之时，也是北极熊绝迹之日。

眼斑地图龟（*Graptemys oculifera*），易危

眼斑地图龟生活在路易斯安那州和密西西比州的两条河流中，一天中大部分时间都在懒洋洋地晒太阳。当它们成群结队享受着日光浴时，每一只都会面向一个不同的方向。这样既能更好地晒到太阳，也能增强整体的防御能力。

扇砗磲（*Tridacna derasa*），易危

这种巨大的砗磲是南太平洋中高超的滤食者。它们还会利用自己的排泄物养殖一些海藻，当海藻死去后它们便可以大快朵颐。

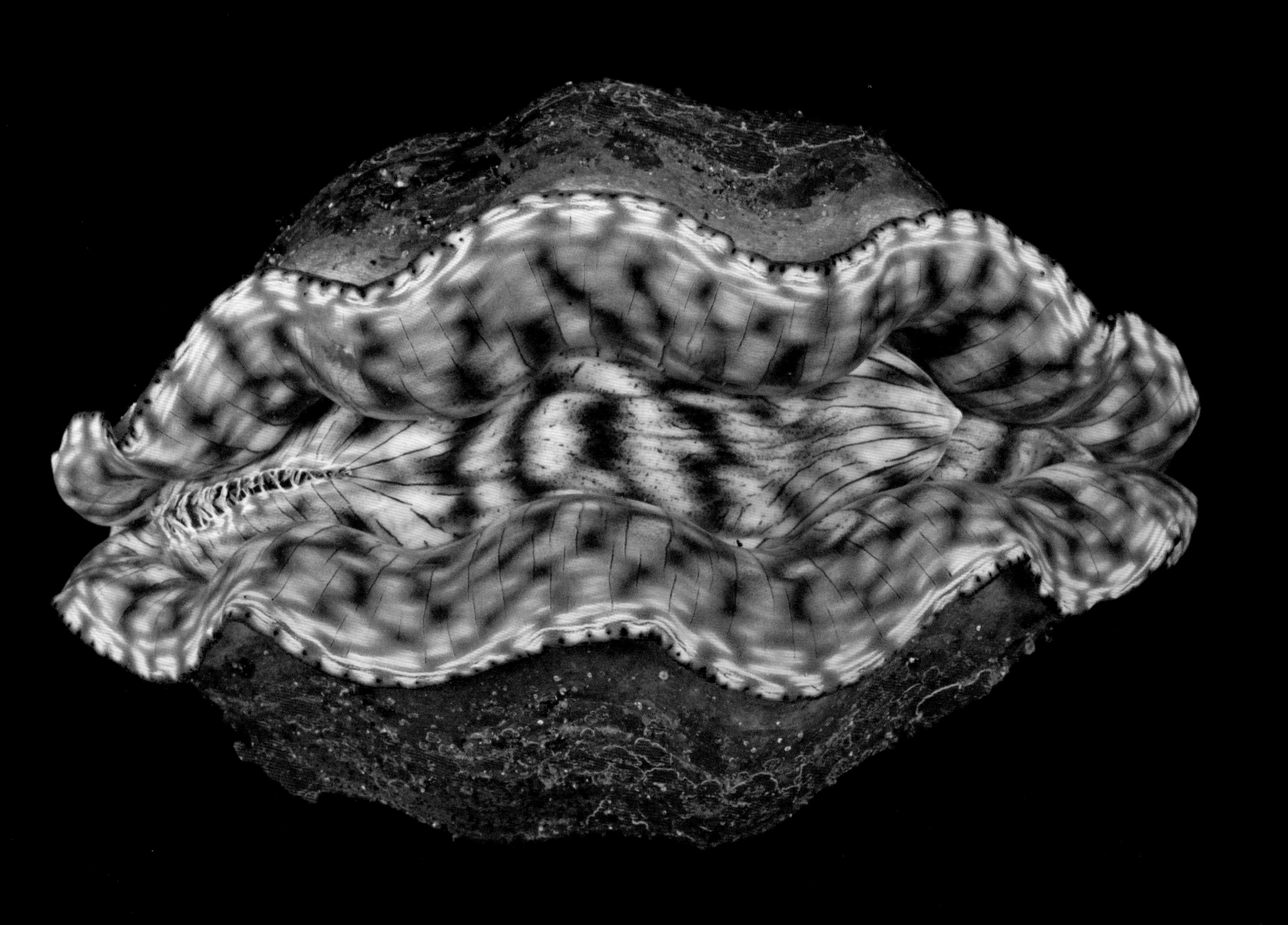

马达加斯加彩蛙仅分布于马达加斯加岛上方圆

9 434 平方千米

的弹丸之地

马达加斯加彩蛙（*Mantella madagascariensis*），易危

马达加斯加岛上生活着近 300 种蛙类，其中就包括这种有毒的小蛙。和岛上其他大部分本土物种一样，森林的消失是它们面对的最大威胁。

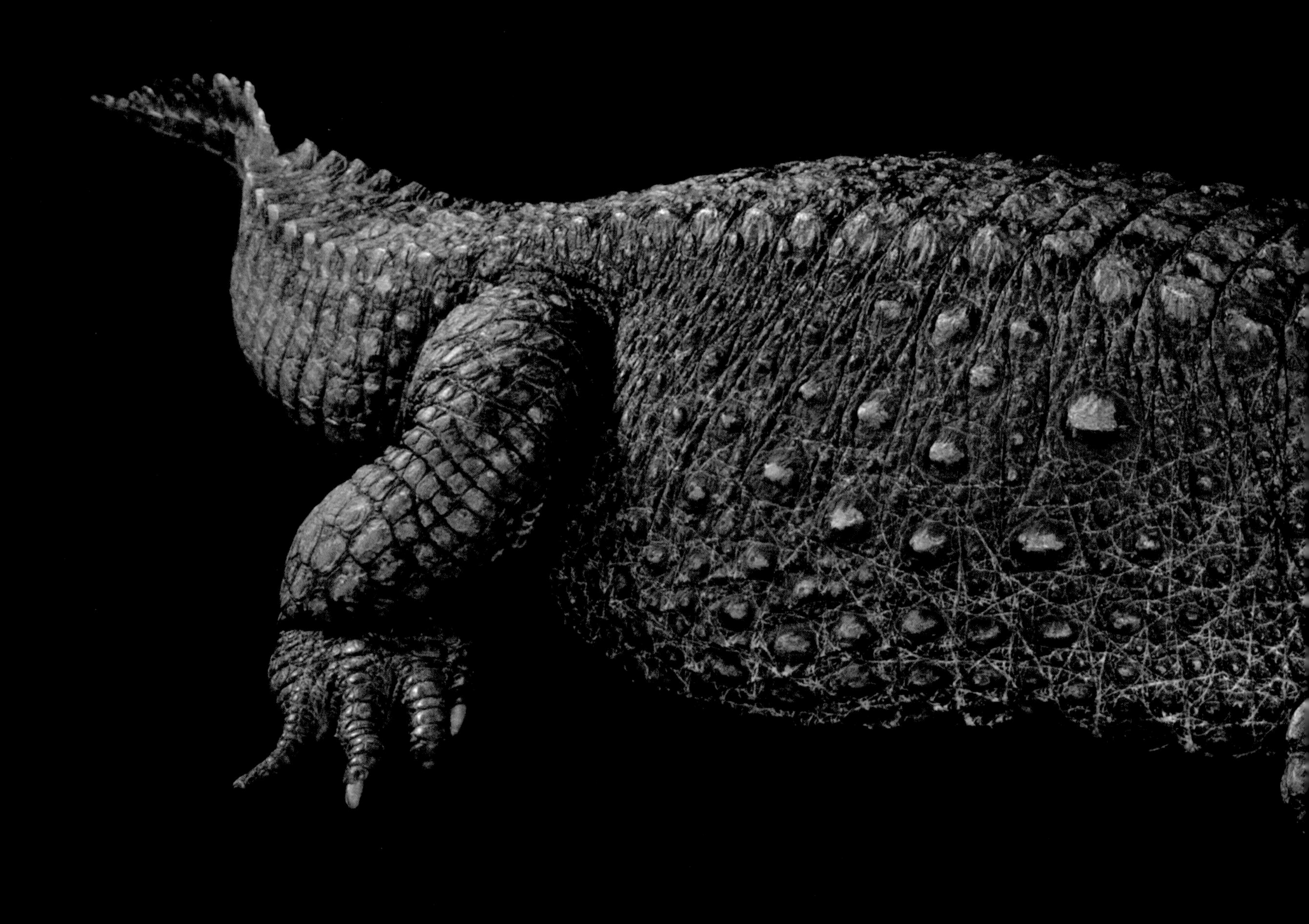

侏儒鳄（*Osteolaemus tetraspis*），易危

和尼罗鳄不同，人们认为侏儒鳄的外皮不适合加工成皮制品，这令它们逃过一劫。

米沙鄢豹猫（*Prionailurus bengalensis rabori*），易危
在菲律宾的甘蔗园里，人们常常瞥见这种娇小的野生豹猫捕捉老鼠的身影。尽管常被混淆为小家猫，但豹猫在人类饲养下往往会出现各种健康问题。

叉背金线鲃（*Sinocyclocheilus furcodorsalis*），未评估

中国南方的地下溶洞中生活着无数迷人的动物，这种长相奇特的小鱼正是其中一员。自 1997 年首次描述至今，除了知晓其面貌特征以及视觉丢失的特性，人类眼中的这种小鱼仍笼罩在一片迷雾之中。

蜂猴（*Nycticebus bengalensis*），易危

借助大大的眼睛和特化的四肢，蜂猴是深夜穿梭于丛林树冠中的小精灵。然而这个属于大自然的精灵，如今却沦落成了宠物市场上炙手可热的交易品。

野外幸存及人工繁育的个体总数

≈ 8 200

一群群的阿拉伯大羚羊曾自由漫步于中东的广阔区域，远方雨水的气息指引着它们前往新草萌发的地方享受盛宴。这种羚羊的身体特征适应于严苛的沙漠环境，白色的皮毛能够反射阳光，蹄子能够应付滚烫的沙子。大羚羊身上从来不缺乏传奇色彩：它那细长的角在侧面剪影上并成了一根，有人相信这就是独角兽传说的来源。然而，如影随形的不止有传说，还有猎人。阿拉伯大羚羊的分布范围在 20 世纪早期明显缩小，最后一只野生阿拉伯大羚羊被射杀于 20 世纪 70 年代。IUCN 当时认为这一物种已在野外灭绝，然而故事却峰回路转：凤凰城动物园于 20 世纪 60 年代开启的保育项目终告成功，使得 20 世纪 80 年代早期时人们得以在阿曼地区进行野外放归。时至今日，阿拉伯半岛部分地区的荒野中终于重现了阿拉伯大羚羊的身影。尽管重新燃起了希望，但目前阿拉伯大羚羊的野外成年个体数不足 1 000 只，距离它们真正的复兴还有漫漫长路要走。

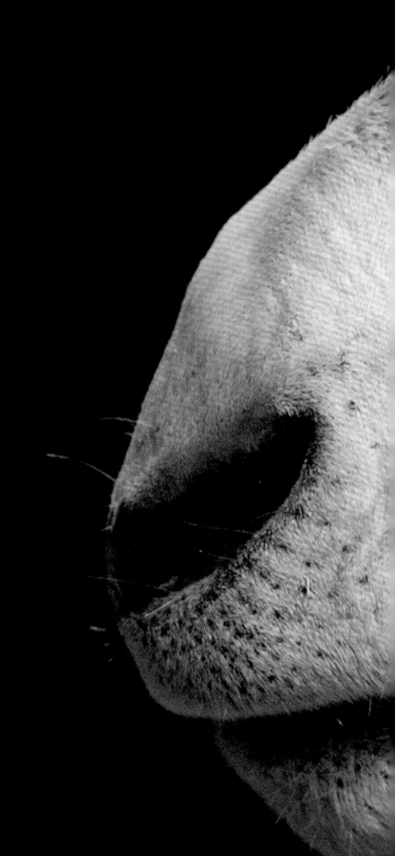

阿拉伯大羚羊（*Oryx leucoryx*），易危

马岛獴（*Cryptoprocta ferox*），易危

作为马达加斯加岛上体型最大的哺乳类猎手，马岛獴的种群数量随着栖息地的萎缩而明显下降。虽然马岛獴通常为独居动物，但如图中的两只幼年马岛獴，幼崽可能会成对生活，直到完全长大。

达科塔弄蝶（*Hesperia dacotae*），易危

这种棕黄色的蝴蝶曾经在北美大平原上四处飞舞，但随着牧场的开发，它们的数量一落千丈。

葛氏巨蜥（*Varanus olivaceus*），易危

葛氏巨蜥是亚洲体型最大的蜥蜴之一。尽管有着锋利的爪牙，但事实上葛氏巨蜥主要以水果为食，偶尔会抓点蜗牛、螃蟹或昆虫尝尝鲜。

棕榈油种植业

全世界超市货架上近一半的商品中都含有棕榈油——口红、比萨底、洗涤剂、方便面等，由此形成的大规模棕榈油种植业已经引发了全球性的环境危机。在以马来西亚和印度尼西亚为代表的热带国家，无数森林被砍伐后改种上了生产棕榈油的油棕，而很多消失的雨林拥有着地球上最为丰富的生物多样性。棕榈油种植业至今仍在不断扩张，它所摧毁的栖息地威胁着全球超过一半的濒危哺乳动物和近 2/3 的濒危鸟类。据 IUCN 估计，棕榈油种植业已成为近 200 种濒危物种的头号杀手，其中包括本页上的古氏树袋鼠和皱盔犀鸟。希望在何处？也许还是有的——越来越多的公司开始承诺仅购买来自非森林破坏区的棕榈油。

上排从左到右：皱盔犀鸟（*Rhabdotorrhinus corrugatus*），濒危；灰长臂猿（*Hylobates muelleri*），濒危；黑斑犀鸟（*Anthracoceros malayanus*），易危；

下排从左到右：古氏树袋鼠（*Dendrolagus goodfellowi buergersi*），濒危；凤冠火背鹇（*Lophura ignita*），近危；盔犀鸟（*Rhinoplax vigil*），极危；婆罗洲须猪（*Sus barbatus barbatus*），易危。

非洲草原象（*Loxodonta africana*），易危

1930 年时，近 1 000 万头非洲草原象徜徉在从好望角到撒哈拉的广袤大地上。时至 2016 年，研究人员仅观测到了 40 万头草原象，其中 70% 都生活在南非的保护区内。

牙买加虹蚺（*Chilabothrus subflavus*），易危

这种巨蟒是牙买加最大的本土掠食者。在野外环境下，图中这样的幼年牙买加虹蚺会捕食小型蜥蜴和蛙类，成年后则会转向大型猎物，比如蝙蝠和鸟类。

拯救动物，最终将是拯救我们自己。清新的空气、干净的水源、丰富的食物，这些我们习以为常的生命必需品其实强烈依赖于运转良好的生态系统，而这一系统建立在无数物种交织而成的复杂关系之上。失去任何一个齿轮，都可能造成这台巨型机器的死亡。

——程文豪（Dr. Cheng Wen-Haur）

新加坡野生动物保育集团副主席兼首席生命科学顾问

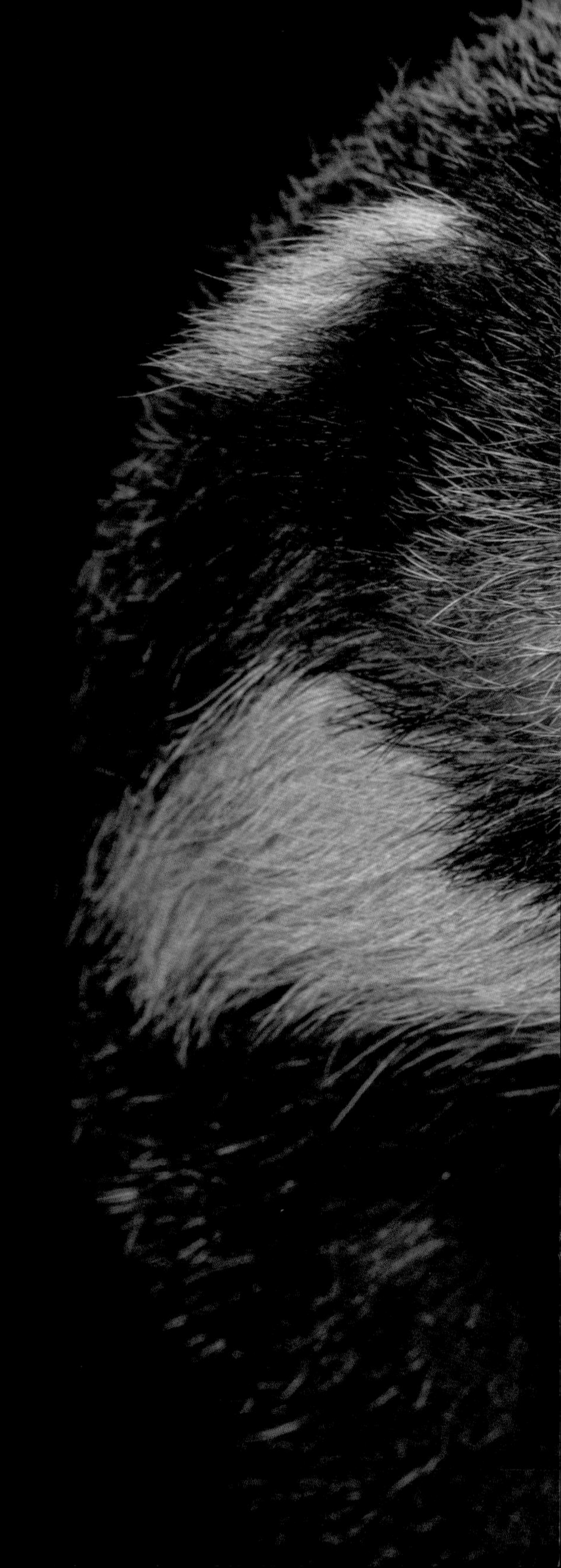

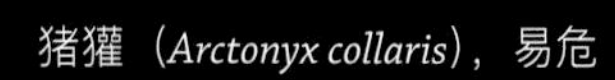

猪獾（*Arctonyx collaris*），易危

猪獾有着很强的适应能力，能够顽强生存于各种生活环境之中。然而，它最终还是没能逃过猎人的枪口和陷阱。无论是作为目标猎物还是无意误伤，猪獾的种群数量都因此发生了明显的下降。

努比亚羱羊（*Capra nubiana*），易危

雄性和雌性努比亚羱羊都长着令人叹为观止的大角，不过雄性的体型会大一些，体长可达 1.2 米。

蓝头鸦（*Gymnorhinus cyanocephalus*），易危

矮松的松子是蓝头鸦最爱的美食。它们可以一次吞下多达 50 颗松子，还会将松子四散藏在自己的领地中。

萨拉辛睫角守宫（*Correlophus sarasinorum*），易危

新喀里多尼亚是南太平洋上一个树木葱茏的美丽岛屿，也是很多特有物种在这颗星球上唯一的栖身之所。遗憾的是，岛上扩张的采矿业和伐木业破坏了这些动物的核心栖息地，萨拉辛睫角守宫正是受害者之一。

这种守宫仅发现于新喀里多尼亚南部，活动范围约为

900 平方千米

秘鲁夜猴（*Aotus nancymaae*），易危

这种夜猴分布于南美洲的秘鲁、巴西和哥伦比亚，它们巨大的眼睛能够接收更多的光线，令其在丛林的浓浓夜色中依然目光如炬。人类为了进行医学研究，无情捕捉了成千上万只秘鲁夜猴。

西里伯斯鹿豚（*Babyrousa celebensis*），易危

鹿豚的獠牙终身生长，最终甚至会刺穿自己的皮肤。它们上颌的獠牙会穿过鼻吻部，然后弯曲直至前额，正是这形似鹿角的獠牙为它们赢得了“鹿豚”的俗名。

大犰狳（*Priodontes maximus*），易危

大犰狳的生存面临着形形色色的危险，可能被猎杀吃掉，或被抓做异宠，还可能作为“活化石”被贩卖到黑市上。据估计，它们的种群数量在过去 21 年间下降了至少 30%。

黑头角雉（*Tragopan melanocephalus*），易危

这种生性害羞的小雉鸡仅见于喜马拉雅山西部地区。它们的肉和艳丽的羽毛都是猎人眼中的目标，所幸人们已经开始了对这种美丽鸟类的深入了解和保护。

野外幸存的成年个体

≈ 1500对

马略卡岛上的崇山峻岭、峡谷溪流数千年间都未有人类涉足，在这片世外桃源里生活着一种神秘的两栖动物——马略卡产婆蟾。20 世纪 70 年代末，科学家们发现了这种蟾蜍的化石遗存，宣告这是一种已经灭绝了 2 000 多年的化石物种。多年以后，人们意外发现它们竟仍然存活在这个世界上。不幸的是，这种好不容易重新现身的传奇动物在 20 世纪 90 年代即被 IUCN 列为极危物种，再度站到了灭绝的边缘。如今在众多保护项目的努力下，这种光溜溜闪闪亮的蟾蜍终于缓慢恢复了生机。马略卡产婆蟾的名字来源于其雄性一种特殊的行为：它们会将念珠状的卵串缠在脚踝上随身携带。自罗马时代便已入侵的蛇类，以及日益火爆的旅游业带来的城市化，令它们的生存现状不容乐观。幸运的是，针对马略卡产婆蟾的人工繁育工作进展顺利，保护人员们认为这也许可以令它们起死回生，重返世间。

马略卡产婆蟾（*Alytes muletensis*），易危

印度犀（*Rhinoceros unicornis*），易危

印度犀的存世数目曾一度下降到不足 200 只。得益于众多的保育努力以及严格的保护措施，它们的数目终于有所回升，目前全世界存活有超过 2 500 只印度犀。

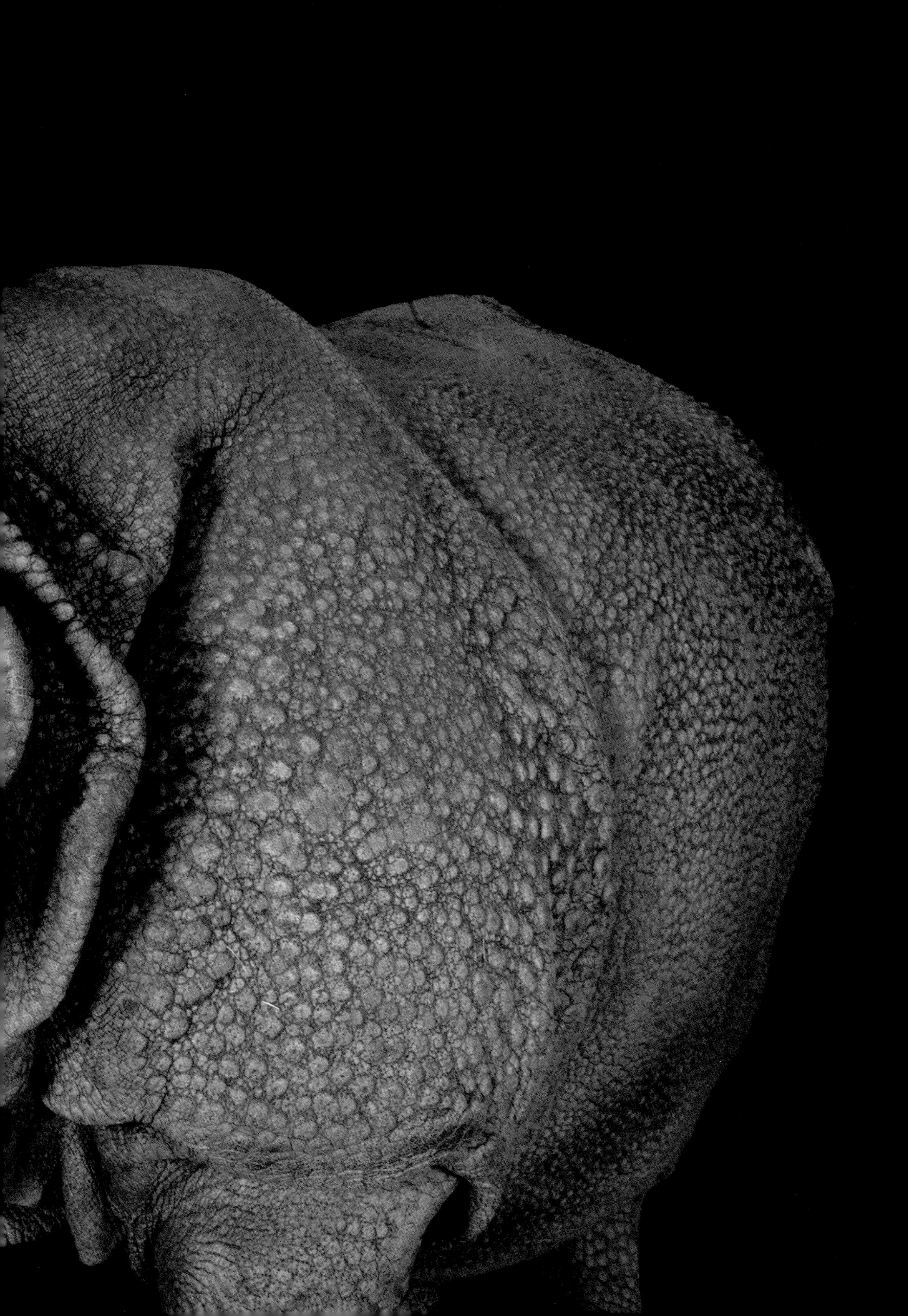

湖虹银汉鱼（*Melanotaenia lacustris*），易危

这种著名的彩虹鱼的野外分布仅限于巴布亚新几内亚，在渔网和汽艇被引入库图布湖的 10 年之间，它的种群数量出现了明显下跌。

我们在内布拉斯加的农场上种植了近 3 万平方米的本土植被，只希望能够挽留住这种蝴蝶。如果失去了这些植物的花蜜，这种蝴蝶的物种延续之路也就走到了尽头。

——乔尔·萨托

大食蚁兽（*Myrmecophaga tridactyla*），易危

这种大型陆生哺乳动物有着广阔的生存领域，但易受山火的影响。南美洲雨林地区刀耕火种的盛行，对大食蚁兽的生存形成了巨大威胁。

凤头黄眉企鹅（*Eudyptes chrysocome chrysocome*），易危

我们印象中的企鹅大多走起路来摇摇摆摆，这种企鹅则不然，它们更擅长跳来跳去，因此又名“南跳岩企鹅”。它们会在南半球石块林立的海岸上来回跳跃，不时跃进冰冷的海水里捕鱼。

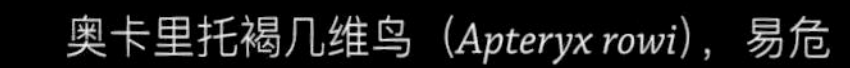
奥卡里托褐几维鸟（*Apteryx rowi*），易危

这些不会飞的鸟类正遭受着白鼬和其他入侵物种的严重威胁，它们的巢穴和幼雏常常毁于后者之手。“巢与蛋”（Operation Nest Egg）保育计划成功实现了这种鸟类的人工孵化，并在雏鸟长大到能独自面对危险时，将他们重新放归山林。

在未来80年间，适宜大熊猫生存的野外栖息地可能消失

100%

大熊猫（*Ailuropoda melanoleuca*），易危

一只成年大熊猫每天须进食9～18千克的竹子，意味着它可能每天要花近10个小时在吃饭上。随着中国山区竹林的逐渐减少，这种明星物种的未来去向陷入了未知。

巴克利玻璃蛙（*Centrolene buckleyi*），易危

在近年针对厄瓜多尔亚马孙河流域云雾森林的野外调查中，人们仅发现了少量的巴克利玻璃蛙。关注这种蛙类的研究人员认为，这一物种可能已不再是易危，而是处于极危状态了。

墨西哥蚓螈（*Dermophis mexicanus*），易危

尽管看起来像条巨型蚯蚓，但这确实是一种两栖动物，只是它的四肢已经退化消失了。墨西哥蚓螈一生中大部分的时间都待在松软的泥土里，默默等着蚯蚓或其他虫子的靠近。

库达海马（*Hippocampus kuda*），易危

海马是中药贸易中的重要角色之一，据估计每年有近 2 500 万只海马因此而丧生。

野外幸存的成年个体数量

高高竖起的耳朵，尖尖的嘴，一身丝滑的灰色皮毛，黑黢黢的尾巴，这就是本页的主角：兔耳袋狸。日落之后，这种灵巧的小动物便会钻出它的地下洞穴，开启它一整夜的地表觅食之旅。兔耳袋狸的四肢看起来有些像袋鼠，但它们并不会跳来跳去，而更喜欢在荒漠里尽情奔跑，挖挖这儿刨刨那儿，看哪里有好吃的昆虫、植物或其他食物，然后用黏糊糊的长舌头一把粘住猎物。兔耳袋狸的视力很差，但有着绝佳的嗅觉和听觉。当它们把大耳朵贴在地面上时，甚至能够追索到虫子在地下发出的窸窣声。在澳大利亚广袤而贫瘠的内陆平原上，曾随处可见兔耳袋狸的身影，但家猫和狐狸的猎食如今令它们的活动范围退缩到了这块大陆的西北角。最近数十年里，针对兔耳袋狸的人工保育工作进展顺利，人们对它的关注度也有所提高：澳大利亚复活节的巧克力兔子正逐渐被兔耳袋狸取而代之。我们对于拯救这一物种满怀希望，而它也是此属中仅存的代表：它的近亲小兔耳袋狸经调查认为已经灭绝了。

兔耳袋狸（*Macrotis lagotis*），易危

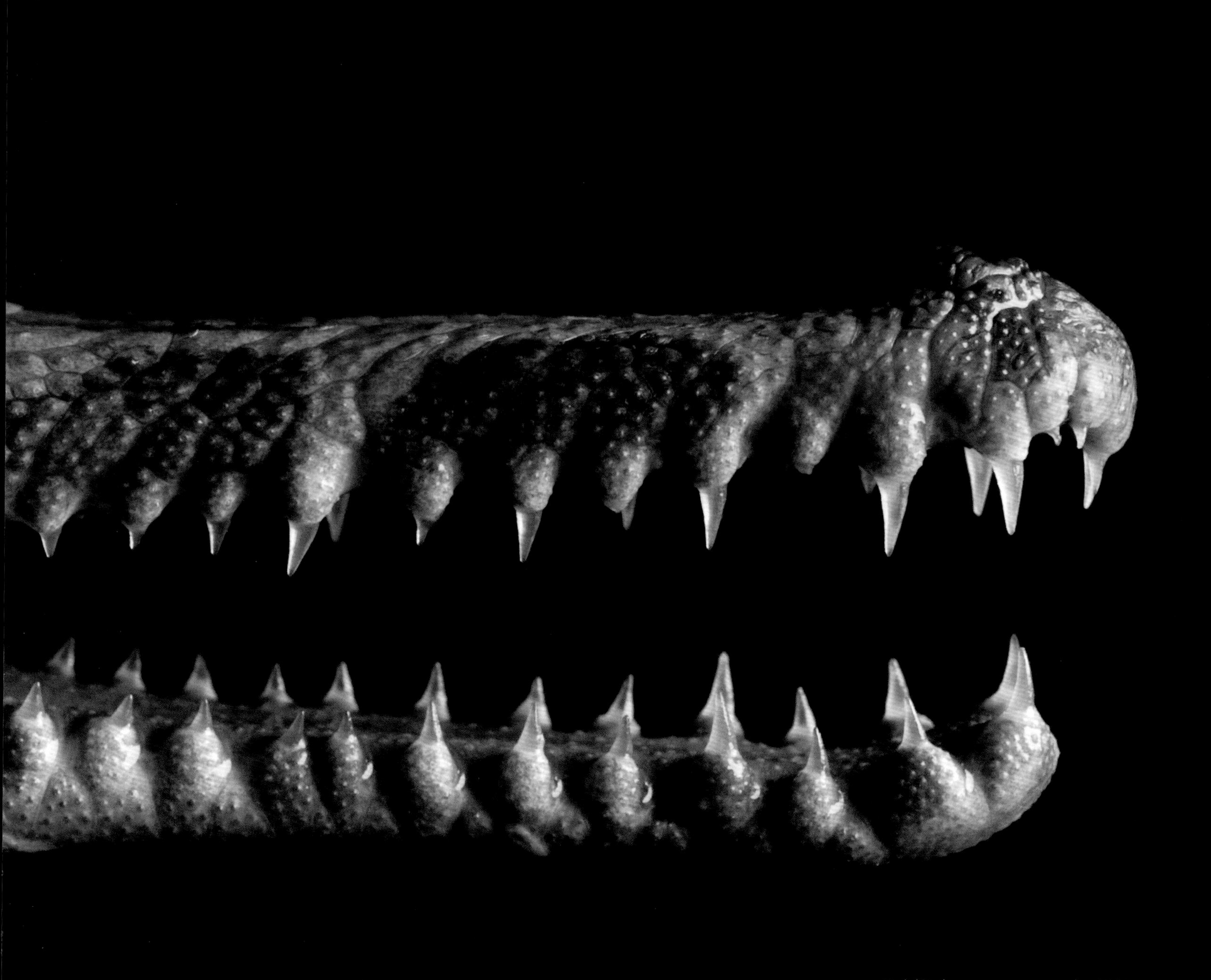

马来鳄（*Tomistoma schlegelii*），易危

马来鳄生活在印度尼西亚及其周边地区，体长可达4.6米，窄长的嘴里长着多达75～85枚锋利的牙齿。它们仅在原始栖息地有着零星的分布，因此研究难度非常大。

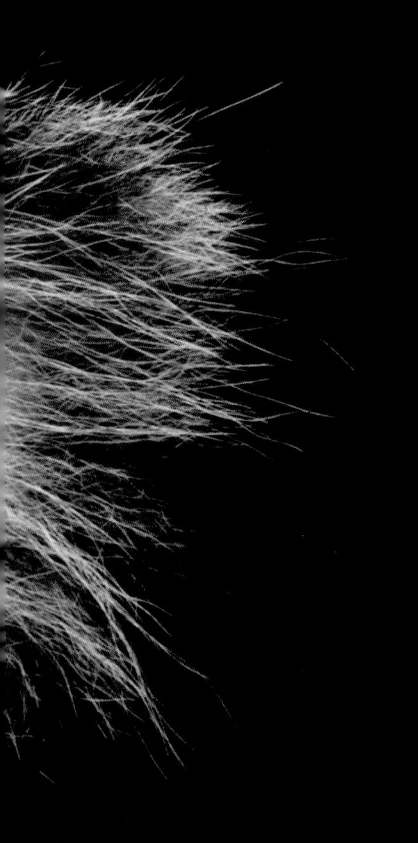

过去 20 年间，考拉的数目减少了

28%

考拉（*Phascolarctos cinereus*），易危

尽管考拉在澳大利亚的特定地区密度相当高，但不可否认的是，这种树栖有袋类面临着传染病和持续性干旱的巨大威胁。

鬃尾袋鼬（*Dasyuroides byrnei*），易危

这种掘穴的小有袋类生活在澳大利亚怪岩丛生的平原地带和灌木丛中。家畜的放牧和栖息地环境的变化造成了它们种群数量的下降。

暗色丛林袋鼠（*Thylogale brunii*），易危

这种体型娇小的有袋类和我们熟悉的大袋鼠同属于袋鼠科。在巴布亚新几内亚和印度尼西亚的热带雨林，这些小袋鼠藏身于低地的洞穴之中。由于天性温顺，人们轻而易举就能猎杀它来作为食物。

自然界宛如一幅巨大的拼图，每灭绝一个物种，就意味着我们永久地失去了这幅画的一部分。于我而言，我真的不愿失去这幅画。

——史蒂夫·谢罗德（Steve Sherrod）

萨顿鸟类研究中心名誉执行董事兼动物保护总监

大草原松鸡（*Tympanuchus cupido pinnatus*），易危

草原松鸡曾在北美中部和东部地区十分繁盛，然而城市化和农业开垦造成的栖息地丧失，使得它们不断消失。恢复和保护北美大平原上的原生植被，也是在保护所有残余的这种鸟类。

消失的冰雪世界

北极正在融化，它变暖的速度接近地球上其他地区的两倍。对于已经适应了这个冰雪世界的动物们而言，这无疑是个严峻的考验。太平洋海象、北极海鹦和斑海豹只有在冰面上才能存活，而冰面正在消失。自20世纪80年代起，北极海冰减少了23%。等到2020年，北冰洋甚至可能再无冰雪。当冰冷的海水逐渐变得温暖，它也将对非北极地区的动物们产生深远的影响。越来越多的虎鲸开始尝试进入加拿大北极区，停留时间也越来越长，而它们的到来将为一些正艰难恢复生机的北极生物带来巨大的压力。正如一个动物保护机构贴出的标语，人们必须意识到：北极发生的一切终将席卷全球。

上排从左到右：白眶绒鸭（*Somateria fischeri*），近危；斑海豹（*Phoca largha*），无危；太平洋海象（*Odobenus rosmarus divergens*），数据缺乏；
下排从左到右：北极海鹦（*Fratercula arctica*），易危；虎鲸（*Orcinus orca*），数据缺乏；驯鹿（*Rangifer tarandus*），易危；北极狐（*Vulpes lagopus*），无危。

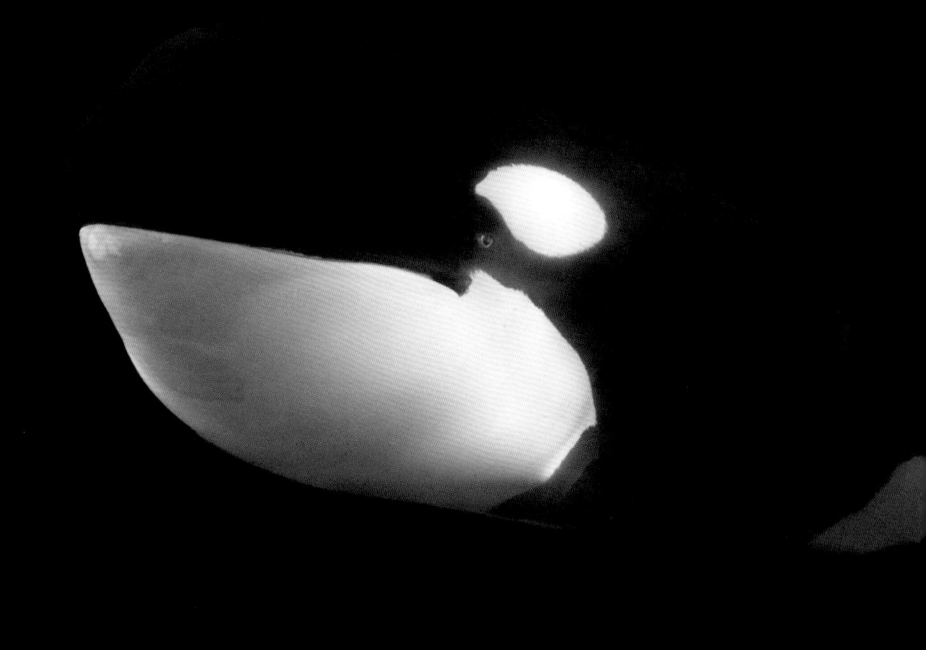

安第斯红鹳（*Phoenicoparrus andinus*），易危

安第斯红鹳终年生活在同一片湖泊地带。它们的下颌形态特殊，能够从淤泥中过滤出细小的食物颗粒。由于没有迁徙习性，安第斯红鹳面对干旱和气候变化只能坐以待毙。

东方盘羊乌兹别克斯坦亚种（*Ovis orientalis arkal*），易危

东方盘羊是家养绵羊的驯养来源之一。由于人类的狩猎，它们一度几乎被赶尽杀绝，仅在几个欧洲岛屿上苟延残喘。所幸的是，如今它们已被重新引回了欧亚大陆。

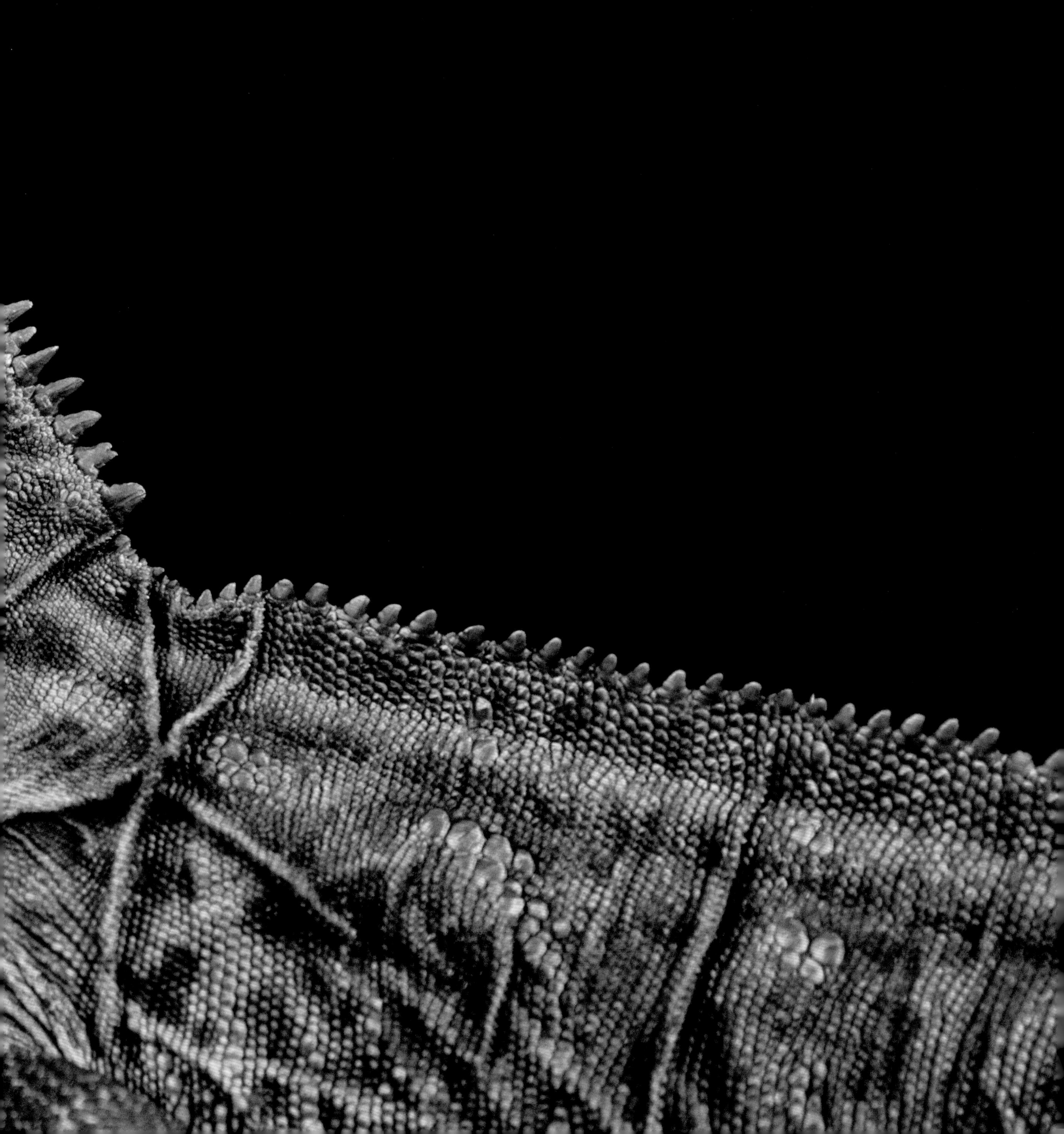

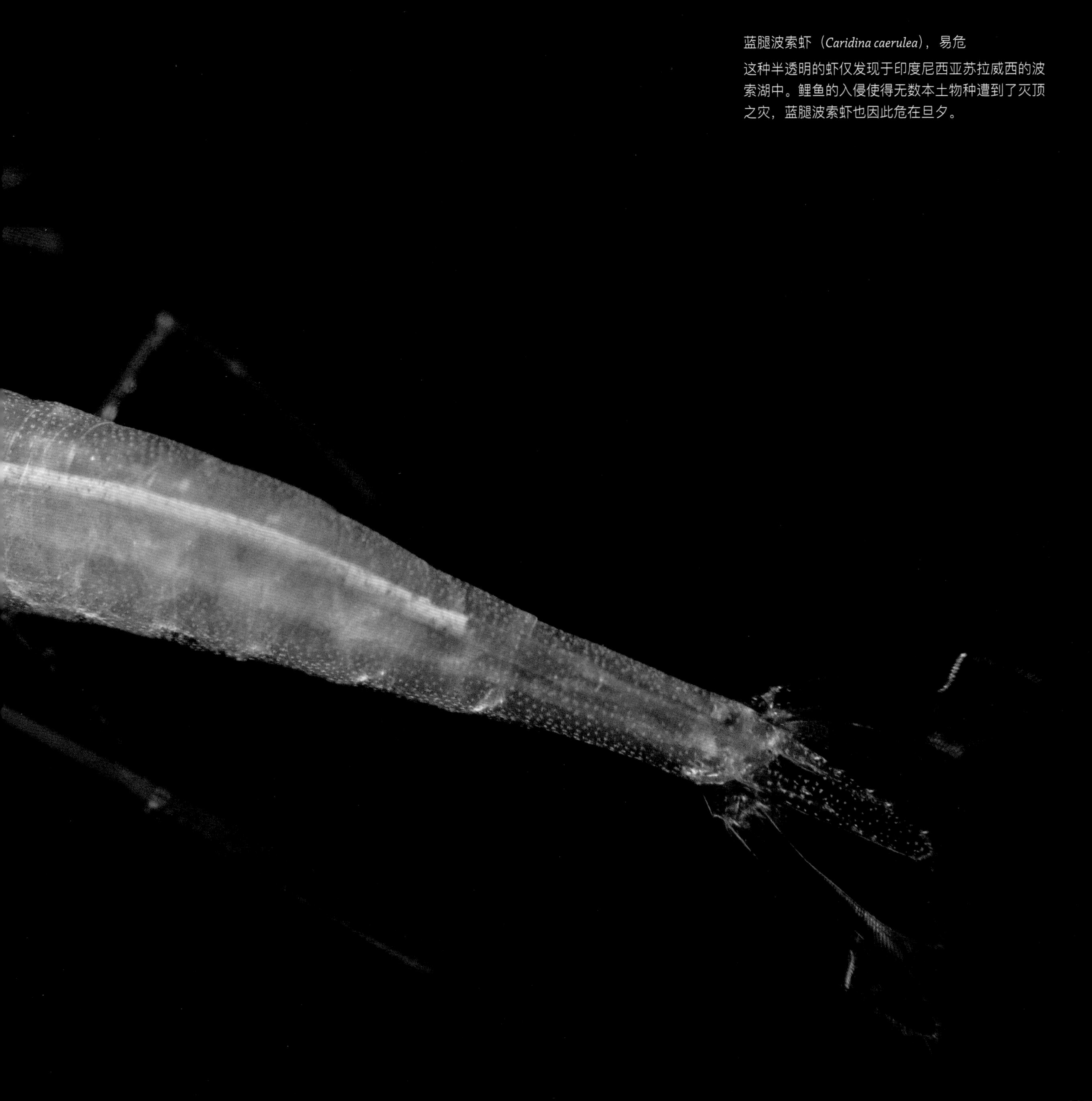

蓝腿波索虾（*Caridina caerulea*），易危

这种半透明的虾仅发现于印度尼西亚苏拉威西的波索湖中。鲤鱼的入侵使得无数本土物种遭到了灭顶之灾，蓝腿波索虾也因此危在旦夕。

河马（*Hippopotamus amphibius*），易危

盗猎和栖息地丧失造成了河马迫在眉睫的生存危机。尽管大多数原产地已经采取了保护措施，但为了河马肉和河马牙而铤而走险的非法盗猎依然屡禁不止。

2016 年，乌干达动物保护人员查获的河马牙总重近

400 千克

亚洲黑熊（*Ursus thibetanus*），易危

尽管中间隔着宽广的太平洋，亚洲黑熊最近的亲戚却是大洋对岸的美洲黑熊。亚洲黑熊的嗅觉极其敏锐，能找出潜伏在地下 1 米深处的蛴螬和其他食物。

熊狸（*Arctictis binturong*），易危

熊狸是仅有的两种可以用尾巴抓握树干的食肉类之一，当它游荡在东南亚丛林的树冠中时，尾巴能协助它在树枝间保持平衡。

红嘴巨嘴鸟（*Ramphastos tucanus*），易危

黄嘴峰巨嘴鸟（*Ramphastos culminatus*），易危

巨嘴鸟能用锯齿状的角质喙撕开水果和昆虫的硬质外壳，然后把带刚毛的舌头伸进去探取肉质。亚马孙流域原始丛林的迅速流失严重影响了巨嘴鸟的物种延续。

野外幸存的成年个体数量

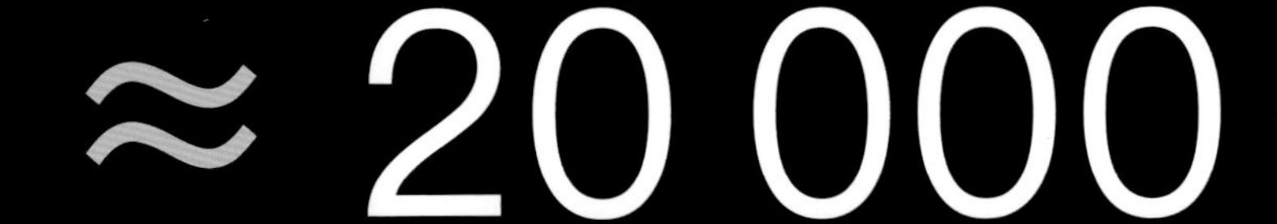

印度野牛体重超过一吨，是地球上现存最大的陆生哺乳动物之一。只有少数动物比如大象和犀牛，能够在体重比较上赢过印度野牛。在整个印度和东南亚都能见到这种野牛的身影，它们结成小群穿梭在丛林沼泽之间，取食着草叶、水果、嫩枝和树皮。尽管巨大的体型令它看上去很是笨拙，但印度野牛其实十分敏捷而机警。猎杀这个长着优雅弯角的大家伙需要相当大的技巧，因此猎人们往往把它作为值得炫耀的战利品。在印度野牛的原产地，人类的捕猎一直威胁着它们的种族繁衍。目前印度野牛被划分为了两个亚种：一种分布于印度和尼泊尔，另一种分布于东南亚地区。本页所摄对象为后者。

印度野牛东南亚亚种（*Bos gaurus laosiensis*），易危

山魈（*Mandrillus sphinx*），易危

山魈是世界上最大的猴子，它们脸上红蓝色的皮肤以及鲜艳的臀部都极具辨识度。在它们的故乡——非洲的赤道地区，山魈的肉被人们当作美食，相应的捕猎活动令它们的数目逐年减少。

加氏袋狸（*Perameles gunnii*），易危

加氏袋狸曾在澳大利亚南部广泛分布，然而入侵的狐狸却将它们推向了灭绝的生死线。自 1991 年起，人们人工繁育并野外放归了超过 650 只加氏袋狸，放归地点都选在了没有狐狸的岛屿以及保护区。

灰镖鲈的野外栖息地仅剩不足

10处

灰镖鲈（*Etheostoma cinereum*），易危

这种小鱼仅生活在肯塔基州和田纳西州的几条河流之中，水质污染和水库修建导致它们本就狭小的栖息地范围进一步萎缩。

库克海峡巨沙螽（*Deinacrida rugosa*），易危

披盔戴甲的巨沙螽体长可达 12 厘米，是世界上最大的昆虫之一。当面临危险时，它们会将长着尖刺的后腿举过头顶进行示威和自卫。

棱皮龟（*Dermochelys coriacea*），易危

棱皮龟宽大的鳍令它能自由悠游于大洋之中，但它只能向前游——这种奇特的习性断绝了棱皮龟人工繁育的可能性，在水族箱里的棱皮龟会一次次地四处碰壁。

翎冠鹦鹉（*Eunymphicus cornutus*），易危

这种五彩斑斓的鹦鹉仅发现于新喀里多尼亚，人类扩张令它们赖以生存的丛林逐渐消失，其种群数量也随之逐渐下降。

雪豹（*Panthera uncia*），易危

雪豹的毛色酷似积雪的岩石，为它们提供了绝佳的伪装。当雪豹在陡峭的岩壁上攀爬奔跑时，长长的尾巴能为它调节方向、保持平衡。

爪哇乌叶猴（*Trachypithecus auratus*），易危

这种印度尼西亚的乌叶猴有种独特的遗传特性——它的味觉无法感知甜度。因此，就算是其他动物觉得很难吃的未成熟的果实等，它们也照样能尽情享用。

戴安娜长尾猴（*Cercopithecus diana*），易危

罗马神话中有一位司自然、林地和狩猎的女神名为戴安娜，而这种猴子正是因弯弯的白色眉毛形似她所持的弯弓而得名。

野外幸存的可繁育个体

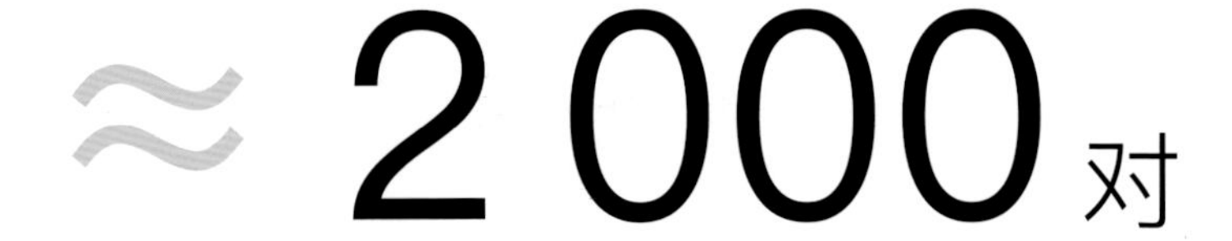

看见它光秃秃的脑袋，你即刻就会明白为什么它名为“秃鹮”了。除此之外，它皱巴巴灰蒙蒙的脸颊也非常易于辨识。秃鹮游荡在南非辽阔的草原上，像火鸡一样安静地在草地上翻找着昆虫。这种社会性的鸟类常大量聚居于树上或悬崖上，下地觅食也是成群结队。人类猎取秃鹮肉和羽毛的历史很长，在莱索托，秃鹮还被用于传统药物和祭祀仪式。如今，秃鹮在南非的分布区已经获得了合法的保护。虽然对这种鸟类而言，捕猎依然是个威胁，但更大的难题是栖息地的丧失：农业发展、过度放牧、滥种松树以及气候变化，不断改变着南非高海拔草原的面貌。

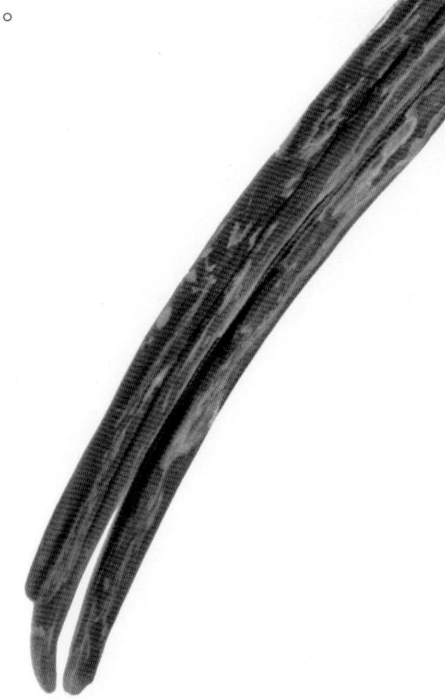

秃鹮（*Geronticus calvus*），易危

采矿的恶果

流经中非六个国家的刚果河流域生长着郁郁葱葱的原始丛林，是超过 2 100 种动物的家园。与此同时，这片区域还盛产制造各种电子产品包括手机所需的稀土金属，比如钴和钶钽铁矿。刚果河流域的采矿活动往往为小规模进行，但汇集在一起依然对当地的生物多样性造成了严重的破坏——非洲狭吻鳄、非洲象、霍加狓和东部低地大猩猩等物种的数量因此而不断减少。采矿活动会造成森林的消失和水源的污染，同时还会带来一系列的连锁反应，比如开辟了新的人类据点，刺激了追求野味的捕猎活动等。

上排从左到右：非洲金猫（*Caracal aurata*），易危；倭黑猩猩（*Pan paniscus*），濒危；肉垂鹤（*Bugeranus carunculatus*），易危；
下排从左到右：小红鹳（*Phoeniconaias minor*），近危；刚果孔雀（*Afropavo congensis*），易危；霍加狓（*Okapia johnstoni*），濒危；非洲狭吻鳄（*Mecistops cataphractus*），极危。

黄腿陆龟（*Chelonoidis denticulata*），易危

这种行动缓慢的大型爬行动物一般生活在潮湿的林地环境中，食性相当多样：水果、昆虫、蜗牛、蘑菇，甚至腐肉都可能成为它的盘中餐。

黄色盘珊瑚（*Turbinaria reniformis*），易危

在温暖的印度洋－太平洋海域，这种珊瑚是珊瑚礁的重要组成部分，为其他形形色色的生物提供了栖身之所。

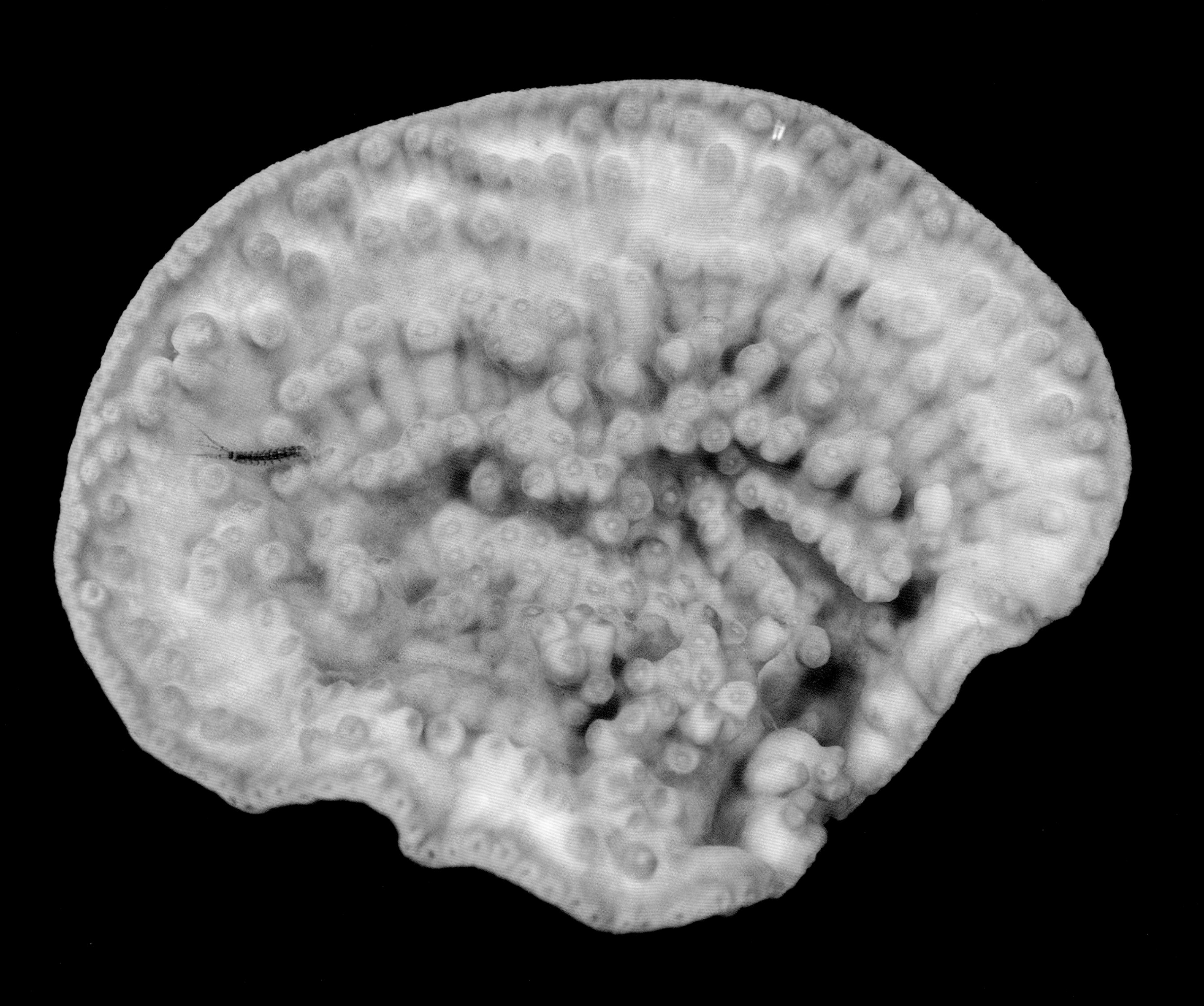

面对某些濒危动物，我们只能寄希望于在这变化莫测的世界上，人类和它们能找到彼此之间和谐共处的方式。

——弗兰克·瑞吉里（Frank Ridgley）
迈阿密动物园保护与研究部主管

佛罗里达真蝠（*Eumops floridanus*），易危
这种大型蝙蝠一小群一小群地生活在佛罗里达南部地区。由于难以进行调查，它们真正的种群数目仍未确定，据估计在几百只到几千只之间。

蓝眼凤头鹦鹉（*Cacatua ophthalmica*），易危

这种鹦鹉令人惊艳的蓝色眼睛是它名字的来源。事实上，这圈蓝色是它围绕着眼球的皮肤颜色，而非来自其眼睛本身。

阿尔塞多火山象龟（*Chelonoidis vandenburghi*），易危

作为加拉帕戈斯象龟的其中一个亚种，阿尔塞多火山象龟拥有现存最大的种群数量——超过 6 000 只，而它们的历史数量曾一度达到 38 000 只。

过去 20 年间

这种眼镜猴的栖息地缩减了至少

30%

西部眼镜猴（*Tarsius bancanus*），易危

这种精致的灵长类蹲坐时比调味瓶还小，一双大眼睛十分醒目——它的眼球几乎和它的脑子一样大。西部眼镜猴生就一身柔软的皮毛和硕大的眼睛，出生一天以后就可以在文莱、印度尼西亚和马来西亚的森林里爬上爬下。

非洲豹（*Panthera pardus pardus*），易危

不同地区的非洲豹往往有着不同的毛色，而图中这样的黑色色型则较为稀少。和人类肤色差异的来源一样，黑色素也是导致非洲豹毛色差异的原因。

眼镜熊（*Tremarctos ornatus*），易危

眼镜熊是唯一一种生活在南美洲的熊，它们会在云雾森林深处的树上筑巢作为安身之所。

银绒毛猴（*Lagothrix poeppigii*），易危

这种猴子生活在亚马孙雨林之中，体型比绝大多数近亲都要大。它们的尾巴具有抓握功能，上面有些地方没有毛发，使它们能更轻易地在密林之间悠荡前行。

马赛长颈鹿（*Giraffa tippelskirchi*），易危

长颈鹿在非洲南部和东部地区广泛分布，它们的身体很高，特化程度也很高。最新的研究显示，这些几乎无人不知的明星动物正面临着高于人们预想的生存风险——1985–2015 年，非洲大陆上长颈鹿的种群数量减少了 40%。

2014 年，仅印度的一个栖息地中，遭偷猎者捕获的印度星龟数量就超过了

55 000

印度星龟（*Geochelone elegans*），易危

非法收集是这种陆龟面临的最大威胁，有些人甚至认为将它们抓回来做宠物，是能够帮它们延续种族的善举。具有独特星形纹饰的华美龟壳，也使得它成了龟类爱好者的收集目标。

秘鲁角蛙（*Ceratophrys stolzmanni*），易危

这种蛙类几乎只在秘鲁和厄瓜多尔的雨季来临时，才会变得活跃起来。它们会在雨季时耗费数个小时来交配产卵，然后在一年中的其他时间里躲在地下休养生息。

行调查，因此难以找出导致它们逐渐消失的真正答案。

小绒鸭（*Polysticta stelleri*），易危

云豹（*Neofelis nebulosa*），易危

当云豹在亚洲大地上展开狩猎时，强壮的四肢和长长的尾巴能给予它们完美的平衡。有人想将它豢养为宠物，有人想要它的皮毛，这些残忍的欲望令云豹一直生活在被偷猎的阴影之下。

无论何种大小，何种形态，所有的动物都是值得赞颂的。每一个个体，都是美丽的精灵。

——乔尔·萨托

关于“影像方舟”（PHOTO ARK）项目

动物与其生存环境之间的相互作用仿佛是一个引擎，它维持着这个星球的健康，以利于我们所有人的生存。但对于许多物种来说，留给它们的时间已经不多了。每当一个物种消失，其后果将波及所有的物种。“国家地理 – 影像方舟”项目正在利用影像的力量，来激励人们在为时未晚之前，去帮助和拯救那些身陷危机的物种。“影像方舟”的创始人乔尔·萨托至今已经拍摄了全球各地一万多个物种，而这只是他多年努力的一部分，该计划试图要记录下生活在动物园和野生动物保护区的每一个物种，并借助宣教来激发行动，同时还通过支持实地保护工作来协助拯救野生动物。

萨托已经造访了 40 多个国家，为的是创建一个关于全球生物多样性的照片档案，预计将要展现 12000 个物种的肖像，其中包含鸟类、鱼类、哺乳动物、爬行动物、两栖动物和无脊椎动物。“影像方舟”计划一旦完成，便将成为对每只存在过的动物的重要记录，并将有力地印证对它们的保护是何等重要。

我们邀请“影像方舟”的粉丝们，通过在社交媒体上使用 #SaveTogether（# 一起来保护）的标签，来参与有关保护物种及其栖息地的互动讨论。同时您还可以登录 natgeophotoark.org 网站，探索“影像方舟”项目，来认识其他数千个被拍摄的物种。

拍摄过程

那么我们是如何制作这些照片的呢？最开始，我们会将动物们安放在黑色或白色的背景前面，并置于良好的光线下。安置体型较小的动物，通常会很容易，只要在侧壁和底面上布置好黑色或白色背景，并把小动物搬到这个空间里即可。在大多数情况下，这意味着它们会进入我们用软布搭建的小型摄影棚里。当这些小动物进入小摄影棚后，它们能看到的就只有我相机镜头的正面。而对于那些更大、更胆小的动物，比如斑马和犀牛，甚至是大象，我们会搭建背景，同时可能只使用自然光。我们很少会在它们的脚下放置任何会惊吓到它们，或是导致它们滑倒的物品。所以在这些情况下，我们要么不拍摄动物们的脚，要么在后期使用 Photoshop 将地面调至黑色。

大多数参与“影像方舟”拍摄的动物一辈子都生活在人们的身边，在我们拍摄时，它们也会很安然镇定。尽管如此，我们依然希望照片拍摄过程尽可能的迅速，因此我们并不会停下来去打扫它们有时留在背景上的污渍或残渣。因为拍摄过程中未清理背景上杂质，我们会在后期使用 Photoshop 处理，并修饰最终的图帧。我们的目标是：最终能得到一幅清晰的影像，集中表现动物的肖像，而周围只留出纯黑色或纯白色的背景。力求清除所有的视觉干扰，要让观众的注意力集中在动物本身。

左页：刚地梳趾鼠（*Callipepla douglasii*），无危
下排：华丽翎鹑（*Callipepla douglasii*），无危

后期处理前：我们的首要目标是很快速地拍摄照片，以减少给动物带来的压力。这意味着我们需要在拍摄后，用数码手段来清理背景。

后期处理后：用数码手段清除污垢和粪便，得到成图。

致 谢

在我看来，一个真正的英雄具有一种特质，那就是一直坚持做正确的事情，而不为自己考虑。他们积年累月的工作，只是为了让事物往对的方向发展，而不为期许认可或表扬。在我周遭世界里，野生动物的救助者是英雄，他们会开一整夜的车去接回一只受伤的动物，让其恢复健康，然后几个月后又开一整夜的车把它送回家。世界各地动物园里的饲养员，水族馆的管理员，以及全世界各种人工圈养野生动物场所的繁育者，他们都是英雄，维系着健康的动物种群，直到我们幡然醒悟去守护足够的栖息地，来让这些物种们能够在野外独立地生存。 教育人士、捐赠者和传播人，他们也是英雄，用专业知识、金钱和坚持来托举这自然世界。他们明白，我们仍然生活在一个值得挽救的世界。

至于对“影像方舟”项目和本书，国家地理提供了显而易见的支持，并赋予其广泛的影响力。国家地理给予的帮助还将继续，我们也将始终表示十分地感谢。

无论任何时段，我们的分类学家皮埃尔·德·夏邦涅（Pierre de Chabannes）都会在位于法国的办公室里，为我们提供优质的科学资讯。

我们的全球总部有意地设在内布拉斯加州的林肯市，因为在其他任何地方，我们都无法组建像阿兰娜（Alanna）、布琳（Bryn）、达科塔（Dakota）、克里（Keri）和塔拉（Tarah）这样的团队，而他们全部由丽贝卡（Rebecca）指挥。同时，我们才华横溢的朋友克拉克·德弗里斯（Clark DeVries）会事无巨细地提供各种建议。

此外，我的家人凯西（Kathy）、科尔（Cole）、艾伦（Ellen）和斯宾塞（Spencer），他们可能并不乐意我常年离家在外，但他们能给予理解。

感谢所有的英雄！

——乔尔·萨托

倭黑猩猩（*Pan paniscusus*），濒危

康兹是一只倭黑猩猩，它学会了通过对着图形符号指指点点的方式，来表达一定的意思。今天，它不仅能传达出自己的想法，还能告诉生物学家们其他倭黑猩猩在说什么。它在拍本页照片时摆了个姿势，在此之后，我们让它按下快门去拍摄乔尔，它便帮忙拍下了左页的那张照片。

撰稿人及顾问

伊丽莎白·科尔伯特（Elizabeth Kolbert）

（本书前言部分的作者）

科尔伯特是《纽约客》（*New Yorker*）的特约撰稿人。她最近创作的一本新书《大灭绝时代》（*The Sixth Extinction*）在 2015 年获得了普利策非虚构类图书奖。此外，她还创作了《灾难笔记：人，自然与气候变化》一书。科尔伯特两度获得了全国杂志奖，她还是威廉姆斯学院环境研究中心（Center for Environmental Studies at Williams College）的访问学者。

皮埃尔·德·夏邦涅（Pierre de Chabannes）

（本书研究员）

德·夏邦涅驻扎在法国办公，他自 2015 年以来一直在“影像方舟”项目中担任分类学家。皮埃尔小时候在没有电视的房子里长大，从小对自然图册十分着迷。在阿尔卑斯山区的一个偏远的私人小屋居住时度过的山间岁月，进一步扩展了他对自然世界的兴趣。如今，皮埃尔已经到访过 31 个国家的 340 多个动物园，他不仅为我们的“影像方舟”鉴定物种，还到世界各地的动物园、水族馆和野生动物康复中心进行考察和采风。

莉比·桑德尔（Libby Sander）

（本书领衔作者）

桑德尔是一位作家兼编辑，她的主要作品刊登在许多出版物上，包括《纽约时报》《华盛顿邮报》和《高等教育纪事》。作为一名一生都对动物和大自然怀有热爱的人，她将近期的工作重点放在了野生动物和保育上。她毕业于布林茅尔学院（Bryn Mawr College）和美国西北大学（Northwestern University），现与家人一起住在华盛顿特区。

布兰德利·海格（Bradley Hague）

（本书图注作者）

海格是一位科普作家、视频制作人，他从海洋最深处的角落，追逐到非洲大草原的荒野，只为搜寻有趣的故事。他已经为《国家地理》撰写了两本书，同时还为其他几本书的内容做出了贡献。他的作品还出现在史密森尼频道（Smithsonian Channel）、探索频道（Discovery Channel）和国家地理频道（National Geographic Channel）。在寻找科学新发现之余的时间里，他与妻子和儿子居住在华盛顿特区。

“影像方舟 – 存亡边缘”资助项目

对于生活在地球上的数千种生灵而言，留给它们的时间已经所剩不多了。虽然我们这个星球上的野生动物与野外栖息地，正在以惊人的速度消失，但大部分受威胁的物种所得到的保护资金微乎其微，甚至是根本没有。为了向野生动物拯救事业伸出援手，同时也为处于危机之中却鲜为人知的物种发出警报，国家地理学会（National Geographic Society）和伦敦动物学会（Zoological Society of London，ZSL）合作发起了基金资助。伦敦动物学会创办了“存亡边缘”项目（EDGE of Existence Program），旨在关注地球上那些最不寻常又濒临灭绝的物种。作为该项目的合作伙伴，国家地理设立了“影像方舟 – 存亡边缘”奖金，用于支持在地保育工作，以救助这些在“影像方舟”中展示的生物。首批受到资助的成员均来自拉丁美洲，从 2018 年开始借此实施救助。随后在 2019 年，紧接着又有一批来自亚洲受资助者也开始了他们的在地保育工作。

阿德里安·林格多（Adrian Lyngdoh）
国家：印度
边缘物种：蜂猴（*Nycticebus bengalensis*），易危
蜂猴出现在第 271 页

阿利法·哈克（Alifa Haque）
国家：孟加拉国
边缘物种：普通锯鳐（*Pristis pristis*），极危

阿施施·巴西奥（Ashish Bashyal）
国家：尼泊尔
边缘物种：恒河鳄（*Gavialis gangeticus*），极危
恒河鳄出现在第 120–121 页

阿育释·简（Ayushi Jain）
国家：印度
边缘物种：鼋（*Pelochelys cantorii*），濒危

丹尼尔·阿劳斯（Daniel Arauz）
国家：哥斯达黎加
边缘物种：玳瑁（*Eretmochelys imbricata*），极危

大卫·奎博（David Quimbo）
国家：菲律宾
边缘物种：扭嘴犀鸟（*Rhabdotorrhinus waldeni*），极危
扭嘴犀鸟出现在第 72–73 页

吉妮尔·简·加卡森（Ginelle Jane A. Gacasan）
国家：菲律宾
边缘物种：绿海龟（*Chelonia mydas*），濒危

黄厦（Ha Hoang）
国家：越南
边缘物种：大头龟（*Platysternon megacephalum*），极危

贾拉登·A（Jailabdeen A）
国家：印度
边缘物种：恒河鳄（*Gavialis gangeticus*），极危
恒河鳄出现在第 120–121 页

贾马尔·格尔维斯（Jamal Galves）
国家：伯利兹
边缘物种：西印度海牛（*Trichechus manatus manatus*），濒危

乔纳森·蒲·健·朗（Jonathan Phu Jiun Lang）
国家：马来西亚
边缘物种：绿海龟（*Chelonia mydas*），濒危

马丽娜·里韦罗（Marina Rivero）
国家：墨西哥
边缘物种：中美貘（*Tapirus bairdii*），濒危

莫米塔·查克拉博蒂（Moumita Chakraborty）
国家：印度
边缘物种：小熊猫（*Ailurus fulgens*），濒危
小熊猫出现在第 150 页

韩努（Ngo Hanh）
国家：越南
边缘物种：鳄蜥（*Shinisaurus crocodilurus*），濒危

鄂特冈腾亚·巴特苏里（Otgontuya Batsuuri）
国家：蒙古
边缘物种：白鹤（*Leucogeranus leucogeranus*），极危

兰扎·巴塔（Ranjana Bhatta）
国家：尼泊尔
边缘物种：恒河鳄（*Gavialis gangeticus*），极危
恒河鳄出现在第 120–121 页

孙·菲然（Sum Phearun）
国家：柬埔寨
边缘物种：大鹮（*Thaumatibis gigantea*），极危

维尼休斯·爱尔伯利茨·罗伯托（Vinicius Alberici Roberto）
国家：巴西
边缘物种：大食蚁兽（*Myrmecophaga tridactyla*），易危
大食蚁兽出现在第 306–307 页

亚加拉·加西亚·菲利亚（Yajaira Garcia Feria）
国家：墨西哥
边缘物种：火山兔（*Romerolagus diazi*），濒危
火山兔出现在第 216 页

ZSL
LET'S WORK FOR WILDLIFE

动物名录索引

按照在书中出现的先后顺序，我们在这里列出了每个物种的中文俗名，其在 IUCN 最近的评估年份，以及照片拍摄的地点，如果拍摄处有对应网页也一并列出。

1: 帝王亚马孙鹦鹉 (2016) | Rare Species Conservatory Foundation, Loxahatchee, Florida rarespecies.org
2–3: 西部低地大猩猩 (2016) | Omaha's Henry Doorly Zoo and Aquarium, Omaha, Nebraska omahazoo.com
5: 卡氏地图龟 (2010) | National Mississippi River Museum and Aquarium, Dubuque, Iowa rivermuseum.com
8: 金叶猴 (2008) | Assam State Zoo and Botanical Garden, Guwahati, India assamstatezoo.com
10–11: 瑟温卡斯水蛙 (2004) | Alcide d'Orbigny Natural History Museum, Cochabamba, Bolivia museodorbigny.org
13: 黑脚企鹅 (2018) | Hogle Zoo, Salt Lake City, Utah hoglezoo.org
14–15: 巴巴里狮 (2014) | Plzeň Zoo, Plzeň, Czech Republic zooplzen.cz
16–17: 博氏镖鲈 (2011) | Conservation Fisheries, Knoxville, Tennessee conservationfisheries.org
18: 北白犀 (2011) | Dvůr Králové Zoo, Dvůr Králové nad Labem, Czech Republic safaripark.cz
22–23: 亚马孙海牛 (2019) | Instituto Nacional de Pesquisas da Amazônia (INPA), Manaus, Brazil portal.inpa.gov.br
24–25: 马来穿山甲 (2013) | Carnivore and Pangolin Conservation Center, Cúc Phương National Park, Ninh Bình Province, Vietnam cucphuongtourism.com.vn

远去的幽灵

28–29: 黑胸虫森莺 (2016) | Tall Timbers Research Station and Land Conservancy, Tallahassee, Florida talltimbers.org
30: 巴拿马树蛙 (2009) | Atlanta Botanical Garden, Atlanta, Georgia atlantabg.org
31: 关岛秧鸡 (2016) | Sedgwick County Zoo, Wichita, Kansas scz.org
32–33: 墨西哥蝴蝶鱼 (1996) | Denver Aquarium, Denver, Colorado aquariumrestaurants.com/downtownaquariumdenver
34–35: 哥伦比亚盆地侏儒兔 (2016) | Oregon Zoo, Portland oregonzoo.org
36–37: 阿托莎豹蛱蝶 | Florida Museum of Natural History, Gainesville, Florida floridamuseum.ufl.edu
38–39: 关岛翠鸟 (2016) | Houston Zoo, Houston, Texas houstonzoo.org
40: 弯角剑羚 (2016) | Rolling Hills Wildlife Adventure, Salina, Kansas rollinghillszoo.org
41: 麋鹿 (2016) | Madrid Zoo, Madrid, Spain zoomadrid.com
42–43: 华南虎 (2008) | Suzhou Zoo, Suzhou, China suzhou-zoo.com
44: 象牙喙啄木鸟 (2016) | University of Nebraska State Museum, Lincoln, Nebraska museum.unl.edu
45: 海滨灰雀 (2018) | Florida Museum of Natural History, Gainesville, Florida floridamuseum.ufl.edu
46–47: 帕图蜗牛 (2007) | Saint Louis Zoo, St. Louis, Missouri stlzoo.org
48: 怀俄明蟾蜍 (2004) | Omaha's Henry Doorly Zoo and Aquarium, Omaha, Nebraska omahazoo.com
49: 非洲胎生蟾蜍 (2014) | Toledo Zoo & Aquarium, Toledo, Ohio toledozoo.org
50–51: 小蓝金刚鹦鹉 (2018) | São Paulo Zoo, São Paulo, Brazil zoologico.com.br

消逝

52–53: 苏门答腊猩猩 (2017) | Rolling Hills Wildlife Adventure, Salina, Kansas rollinghillszoo.org
54: 鸮鹦鹉 (2016) | Zealandia, Wellington, New Zealand visitzealandia.com
55: 蒙狐猴 (2012) | Omaha's Henry Doorly Zoo and Aquarium, Omaha, Nebraska omahazoo.com
56–57: 魏氏蝰 (2008) | Saint Louis Zoo, St. Louis, Missouri stlzoo.org
58–59: 棕蜘蛛猴 (2008) | Piscilago Zoo, Bogotá, Colombia piscilago.co/zoologico
60–61: 爪哇豹 (2008) | Berlin Tierpark, Berlin, Germany tierpark-berlin.de
62: 尼格鸡鸠 (2016) | Talarak Foundation, Negros Island, Philippines talarak.org
63: 王垂蜜鸟 (2016) | Melbourne Zoo, Melbourne, Australia zoo.org.au/melbourne
64–65: 别针条纹鲷 (2016) | Aquarium Tropical du Palais de la Porte Dorée aquarium-tropical.fr
66–67: 穆霍尔苍羚 (2015) | Budapest Zoo, Budapest, Hungary zoobudapest.com
68–69: 豪勋爵岛竹节虫 (2017) | Melbourne Zoo, Melbourne, Australia zoo.org.au/melbourne
70–71: 菲律宾鳄 (2012) | Gladys Porter Zoo, Brownsville, Texas gpz.org
72–73: 扭嘴犀鸟 (2016) | Talarak Foundation, Negros Island, Philippines talarak.org
74: 苏门答腊虎 (2008) | Berlin Tierpark, Berlin, Germany tierpark-berlin.de
75: 米沙鄢卷毛野猪 (2016) | Negros Forest Park, Negros Island, Philippines facebook.com/negrosforestandecologicalfoundationinc
76–77: 班顿拉无须魮 (1996) | Plzeň Zoo, Plzeň, Czech Republic zooplzen.cz
78–79: 苏门答腊象 (2011) | Taman Safari Park, South Jakarta, Indonesia tamansafari.com
80–81: 婆罗洲猩猩加里曼丹亚种 (2016) | Avilon Zoo, Rodriguez, Philippines avilonzoo.ph
82: 库尔德斯坦斑点蝾螈 (2008) | Wroclaw Zoo, Wroclaw, Poland zoo.wroclaw.pl
83: 美洲覆葬甲 (1996) | Saint Louis Zoo, St. Louis, Missouri stlzoo.org
84–85: 食猿雕 (2016) | Philippine Eagle Center, Davao Island, Philippines philippineeaglefoundation.org
86: 棉鼠 (2016) | Crocodile Lake National Wildlife Refuge, Key Largo, Florida fws.gov/refuge/crocodile_lake/
86: 礁鹿 (2015) | Zoo Tampa at Lowry Park, Tampa, Florida zootampa.org
86: 斯托克岛树蜗牛 (2000) | Crocodile Lake National Wildlife Refuge, Key Largo, Florida fws.gov/refuge/crocodile_lake/
87: 湿地棉尾兔 (2008) | Key West, Florida
87: 银色稻鼠 (2016) | Key West, Florida
87: 阿里斯凤蝶 (N/A) | Florida Museum of Natural History, Gainesville, Florida floridamuseum.ufl.edu
87: 东林鼠 (2016) | Disney's Animal Kingdom, Orlando, Florida disneyworld.disney.go.com/attractions/animal-kingdom/
88–89: 索马里野驴 (2014) | Dallas Zoo, Dallas, Texas dallaszoo.com
90–91: 蓝宝石华丽雨林蛛 (2008) | Sedgwick County Zoo, Wichita, Kansas scz.org
92–93: 姬猪 (2008) | Pygmy Hog Research and Breeding Centre, Assam, India pygmyhog.org
94: 金头乌叶猴 (2008) | Endangered Primate Rescue Center, Cúc Phương National Park, Ninh Bình Province, Vietnam eprc.asia
95: 冕狐猴 (2012) | Lemuria Land, Nosy Be, Madagascar lemurialand.com
96–97: 的的喀喀湖蛙 (2004) | Alcide d'Orbigny Natural History Museum, Cochabamba, Bolivia museodorbigny.org
98–99: 黑须丛尾猴 (2008) | Zoo Brasilia, Brasilia, Brazil zoo.df.gov.br
100–101: 马达加斯加海雕 (2016) | Botanical and Zoological Garden of

Tsimbazaza, Antananarivo, Madagascar
102–103: 皮那罗雨蛙 (2004) | Balsa de los Sapos, Catholic University, Quito, Ecuador bioweb.puce.edu.ec
104: 泥龟 (2006) | Oklahoma City Zoo, Okalhoma City, Oklahoma okczoo.org
105: 爪哇懒猴 (2013) | Night Safari, Singapore nightsafari.com.sg
106–107: 利氏袋鼯 (2014) | Healesville Sanctuary, Healesville, Australia zoo.org.au/healesville
108–109: 马来虎 (2014) | Omaha's Henry Doorly Zoo and Aquarium, Omaha, Nebraska omahazoo.com
110: 黑袖椋鸟 (2016) | Nature Conservation Agency, Jakarta, Indonesia bksdadki.com
110: 栗喉鹎 (2016) | Plzeň Zoo, Plzeň, Czech Republic zooplzen.cz
110: 大绿叶鹎 (2016) | Sedgwick County Zoo, Wichita, Kansas scz.org
111: 红额噪鹛 (2016) | Plzeň Zoo, Plzeň, Czech Republic zooplzen.cz
111: 长冠八哥 (2016) | Lisbon Zoo, Lisbon, Portugal zoo.pt
111: 黑白噪鹛 (2016) | Plzeň Zoo, Plzeň, Czech Republic zooplzen.cz
111: 短尾绿鹊 (2018) | Taman Safari, South Jakarta, Indonesia tamansafari.com
112: 苏拉威西黑冠猴 (2008) | Omaha's Henry Doorly Zoo and Aquarium, Omaha, Nebraska omahazoo.com
113: 白颊长臂猿 (2008) | Gibbon Conservation Center, Santa Clarita, California gibboncenter.org
114–115: 旋角羚 (2016) | Buffalo Zoo, Buffalo, New York buffalozoo.org
116–117: 欧洲鳗鲡 (2013) | Centre for Environmental Education, Miramar, Portugal cm-gaia.pt
118: 欧洲水貂 (2015) | Madrid Zoo, Madrid, Spain zoomadrid.com
119: 波多黎各凤头蟾蜍 (2008) | Sedgwick County Zoo, Wichita, Kansas scz.org
120–121: 恒河鳄 (2007) | Kukrail Gharial and Turtle Rehabilitation Centre, Lucknow, India uptourism.gov.in/post/kukrail-forest
122–123: 苏门答腊犀 (2008) | White Oak Conservation Center, Cincinnati, Ohio whiteoakwildlife.org
124–125: 鹿角珊瑚 (2008) | Butterfly Pavilion, Westminster, Colorado butterflies.org
126–127: 苏格兰野猫 (2014) | Wildcat Haven, Roy Bridge, Scotland wildcathaven.com
128–129: 克罗斯河大猩猩 (2016) | Limbe Wildlife Centre, Limbe, Cameroon limbewildlife.org
130: 锡奥岛眼镜猴 (2010) | Ragunan Zoo, Jakarta, Indonesia ragunanzoo.jakarta.go.id
131: 塔劳袋猫 (2015) | Private Collection
132–133: 浅黄冠凤头鹦鹉 (2018) | Jurong Bird Park, Singapore birdpark.com.sg
134–135: 偏嘴裸腹鲦 (2011) | Desert National Wildlife Refuge, Corn Creek, Nevada fws.gov/refuge/desert/
136–137: 蓝眼黑美狐猴 (2012) | Duke Lemur Center, Durham, North Carolina lemur.duke.edu
138: 斯里福克斯鱵螺 (2012) | Phoenix Zoo, Phoenix, Arizona phoenixzoo.org
139: 肥厚三角珠蚌 (1996) | USGS Wetland and Aquatic Research Center, Gainesville, Florida usgs.gov/warc
140–141: 白肩黑鹮 (2016) | Phnom Tamao Wildlife Rescue Center, Tro Pang Sap, Cambodia wildlifealliance.org/wildlife-phnom-tamao
142: 红狼 (2008) | Great Plains Zoo, Sioux Falls, South Dakota greatzoo.org
143: 灰腿白臀叶猴 (2008) | Cúc Phương National Park, Ninh Bình Province, Vietnam eprc.asia
144–145: 斑鳖 (2000) | Suzhou Zoo, Suzhou, China suzhou-zoo.com
146–147: 民都洛水牛 (2016) | Tamaraw Gene Pool Farm, Mindoro Island, Philippines facebook.com/tamarawdenr

衰落

148–149: 棕尾斑嘴犀鸟 (2016) | Negros Forest Park, Negros Island, Philippines facebook.com/negrosforestandecologicalfoundationinc
150: 小熊猫 (2015) | Virginia Zoo, Norfolk virginiazoo.org
151: 凤头僧帽猴 (2008) | Los Angeles Zoo, Los Angeles, California lazoo.org
152–153: 波点箭毒蛙 (2009) | Private Collection
154: 卡卡鹦鹉 (2016) | Auckland Zoo, Auckland, New Zealand aucklandzoo.co.nz
155: 草原西貒 (2011) | Sedgwick County Zoo, Wichita, Kansas scz.org
156–157: 亚洲象 (2008) | Los Angeles Zoo, Los Angeles, California lazoo.org
158–159: 蓝面镖鲈 (2011) | Conservation Fisheries, Knoxville, Tennessee conservationfisheries.org
160: 狮尾猕猴 (2008) | Singapore Zoo, Singapore zoo.com.sg
161: 红领美狐猴 (2012) | Omaha's Henry Doorly Zoo and Aquarium, Omaha, Nebraska omahazoo.com
162–163: 厚嘴鹦鹉 (2016) | World Bird Sanctuary, Valley Park, Missouri worldbirdsanctuary.org
164–165: 大角驴羚 (2016) | Dallas Zoo, Dallas, Texas dallaszoo.com
166–167: 绿树鳄蜥 (2007) | San Antonio Zoo, San Antonio, Texas sazoo.org
168: 指猴 (2012) | Denver Zoo, Denver, Colorado denverzoo.org
169: 克氏冕狐猴 (2012) | Houston Zoo, Houston, Texas houstonzoo.org
170: 巴拿马金蛙 (2008) | El Valle Amphibian Conservation Center, El Valle de Antón, Panama amphibianrescue.org
170: 塔氏盗蛙 (2006) | El Valle Amphibian Conservation Center, El Valle de Antón, Panama amphibianrescue.org
171: 铅色囊蛙 (2004) | Centro Jambatu, Quito, Ecuador, anfibiosecuador.ec
171: 具蹼丑角蛙 (2016) | Centro Jambatu, Quito, Ecuador, anfibiosecuador.ec
171: 利蒙斑蟾 (2008) | Centro Jambatu, Quito, Ecuador, anfibiosecuador.ec
171: 埃斯帕达囊蛙 (2004) | Centro Jambatu, Quito, Ecuador, anfibiosecuador.ec
172–173: 伊比利亚猞猁 (2014) | Madrid Zoo, Madrid, Spain zoomadrid.com
174–175: 黄胸草鹀佛罗里达亚种 (2018) | Kissimmee Prairie Preserve State Park, Okeechobee, Florida floridastateparks.org
176: 四眼斑水龟 (2000) | Tennessee Aquarium, Chattanooga tnaqua.org
177: 阿拉巴马泥螈 (2004) | Cincinnati Zoo, Cincinnati, Ohio cincinnatizoo.org
178–179: 富山草蜥 (2016) | Wroclaw Zoo, Wroclaw, Poland zoo.wroclaw.pl
180–181: 考氏鳍竺鲷 (2007) | Omaha's Henry Doorly Zoo and Aquarium, Omaha, Nebraska omahazoo.com
182: 菲律宾鬣鹿 (2014) | Avilon Zoo, Rodriguez, Philippines avilonzoo.ph
183: 倭河马 (2015) | Omaha's Henry Doorly Zoo and Aquarium, Omaha, Nebraska omahazoo.com
184–185: 浅色鲟 (2004) | Gavins Point National Fish Hatchery, Yankton, South Dakota fws.gov/gavinspoint
186–187: 爪哇叶猴 (2008) | Taman Safari, Indonesia tamansafari.com
188: 马里亚纳果鸠 (2016) | Houston Zoo, Houston, Texas houstonzoo.org
189: 班乃岛狐尾云鼠 (2016) | Plzeň Zoo, Plzeň, Czech Republic zooplzen.cz
190–191: 爪哇野牛 (2014) | Zoo Berlin, Berlin, Germany zoo-berlin.de
192: 斑纹鲍 (2006) | Alutiiq Pride Shellfish Hatchery, Seward, Alaska alutiiqpridehatchery.com
193: 金头狮面狨 (2008) | Dallas World Aquarium, Dallas, Texas dwazoo.com
194–195: 缅甸棱背龟 (2000) | Singapore Zoo, Singapore zoo.com.sg
196–197: 黑猩猩 (2016) | Singapore Zoo, Singapore zoo.com.sg

198–199: **鹭鹤** (2016) | Houston Zoo, Houston, Texas houstonzoo.org
200–201: **苏眉鱼** (2004) | Dallas World Aquarium, Dallas, Texas dwazoo.com
202: **豺** (2015) | Budapest Zoo, Budapest, Hungary zoobudapest.com
203: **袋食蚁兽** (2015) | Healesville Sanctuary, Healesville, Australia zoo.org.au/healesville
204–205: **黑足鼬** (2015) | Cheyenne Mountain Zoo, Colorado Springs, Colorado cmzoo.org
206: **白兀鹫** (2016) | Parco Natura Viva, Bussolengo, Italy parconaturaviva.it
206: **长鼻猴** (2008) | Singapore Zoo, Singapore zoo.com.sg
206: **扬子鳄** (2017) | Fresno Chaffee Zoo, Fresno, California fresnochaffeezoo.org
207: **线纹海马** (2016) | Omaha's Henry Doorly Zoo and Aquarium, Omaha, Nebraska omahazoo.com
207: **白腹穿山甲** (2013) | Pangolin Conservation, Saint Augustine, Florida pangolinconservation.org
207: **东部黑犀** (2011) | Great Plains Zoo, Sioux Falls, South Dakota greatzoo.org
207: **墨西哥钝口螈** (2008) | Detroit Zoo, Detroit, Michigan detroitzoo.org
208–209: **老挝螈** (2013) | National Mississippi River Museum and Aquarium, Dubuque, Iowa rivermuseum.com
210: **黄腿山蛙** (2008) | San Diego Zoo, San Diego, California zoo.andiegozoo.org
211: **赤树袋鼠** (2016) | Lincoln Children's Zoo, Lincoln, Nebraska lincolnzoo.org
212–213: **洪都拉斯棕榈蝮** (2012) | London Zoo, London, England zsl.org
214–215: **弗雷格特岛蜗牛** (2006) | Exmoor Zoo, Exmoor, England exmoorzoo.co.uk
216: **火山兔** (2008) | Chapultepec Zoo, Chapultepec, Mexico data.sedema.cdmx.gob/mx/zoo_chapultepec
217: **喀拉米豚鹿** (2014) | Los Angeles Zoo, Los Angeles, California lazoo.org
218–219: **袋獾** (2008) | Australia Zoo, Beerwah, Australia australiazoo.com.au
220–221: **枯叶侏儒变色龙** (2014) | Madagascar Exotic, Marozevo, Madagascar
222: **印支乌叶猴** (2008) | Angkor Centre for Conservation of Biodiversity, Siem Reap, Cambodia accb-cambodia.org
223: **灰冠鹤** (2016) | Kansas City Zoo, Kansas City, Missouri kansascityzoo.org
224–225: **巨獭** (2014) | Dallas World Aquarium, Dallas, Texas dwazoo.com
226–227: **猎隼** (2016) | Plzeň Zoo, Plzeň, Czech Republic zooplzen.cz
228–229: **希拉鳟** (1996) | Mora National Fish Hatchery, Mora, New Mexico fws.gov/southwest/fisheries/mora
230–231: **细纹斑马** (2016) | Lee G. Simmons Conservation Park and Wildlife Safari, Ashland, Nebraska wildlifesafaripark.com
232: **非洲野犬** (2012) | Omaha's Henry Doorly Zoo and Aquarium, Omaha, Nebraska omahazoo.com
233: **南非兀鹫** (2016) | Cheyenne Mountain Zoo, Colorado Springs, Colorado cmzoo.org
234–235: **马达加斯加大跳鼠** (2016) | Omaha's Henry Doorly Zoo and Aquarium, Omaha, Nebraska omahazoo.com
236: **黑掌蜘蛛猴** (2008) | Chattanooga Zoo, Chattanooga, Tennessee chattzoo.org
236: **蓝嘴凤冠雉** (2016) | Houston Zoo, Houston, Texas houstonzoo.org
236: **小斑虎猫** (2016) | Jaime Duque Park, Cundinamarca, Colombia parquejaimeduque.com
237: **金颊黑背林莺** (2018) | Fort Hood, Texas
237: **长尾虎猫** (2014) | Cincinnati Zoo, Cincinnati, Ohio cincinnatizoo.org
237: **金帽锥尾鹦鹉** (2016) | Jurong Bird Park, Singapore birdpark.com.sg
237: **懒吼猴** (2008) | Omaha's Henry Doorly Zoo and Aquarium, Omaha, Nebraska omahazoo.com
238: **白额卷尾猴** (2008) | Summit Municipal Park, Gamboa, Panama
239: **银灰长臂猿** (2008) | Bali Safari, Bali, Indonesia balisafarimarinepark.com
240–241: **盖河螯虾** (2010) | West Liberty, West Virginia facebook.com/wlucrayfish
242: **银石箭毒蛙** (2017) | Private Collection
243: **金色箭毒蛙** (2016) | Rolling Hills Zoo, Salina, Kansas rollinghillszoo.org
244–245: **扁头豹猫** (2014) | Taiping Zoo, Taiping, Malaysia zootaiping.gov.my
246: **麦诺变色龙** (2009) | Madagascar Exotic, Marozevo, Madagascar
247: **盔凤冠雉** (2016) | National Aviary of Colombia, Barú, Colombia acopazoa.org
248–249: **澳洲海狮** (2016) | Taronga Zoo, Sydney, Australia taronga.org.au
250–251: **绿孔雀** (2018) | Houston Zoo, Houston, Texas houstonzoo.org
252–253: **白枕白眉猴** (2008) | Rome Zoo, Rome, Italy bioparco.it
254–255: **蓝岩鬣蜥** (2012) | Sedgwick County Zoo, Wichita, Kansas scz.org

黯淡

256–257: **王小鲈** (2012) | Conservation Fisheries, Knoxville, Tennessee conservationfisheries.org
258: **雪鸮** (2017) | New York State Zoo, Watertown nyszoo.org
259: **帝王蝾螈** (2016) | Conservation Fisheries, Knoxville, Tennessee conservationfisheries.org
260–261: **北极熊** (2015) | Tulsa Zoo, Tulsa, Oklahoma tulsazoo.org
262: **眼斑地图龟** (2010) | National Mississippi River Museum and Aquarium, Dubuque, Iowa rivermuseum.com
263: **扇砗磲** (1996) | Omaha's Henry Doorly Zoo and Aquarium, Omaha, Nebraska omahazoo.com
264–265: **马达加斯加彩蛙** (2017) | Private Collection
266–267: **侏儒鳄** (1996) | Lincoln Children's Zoo, Lincoln, Nebraska lincolnzoo.org
268–269: **米沙鄢豹猫** (2008) | Avilon Zoo, Rodriguez, Philippines avilonzoo.ph
270: **叉背金线鲃** | Berlin Aquarium, Berlin, Germany aquarium-berlin.de
271: **蜂猴** (2008) | Endangered Primate Rescue Center, Cúc Phương National Park, Ninh Bình Province, Vietnam eprc.asia
272–273: **阿拉伯大羚羊** (2016) | Phoenix Zoo, Phoenix, Arizona phoenixzoo.org
274–275: **柔底鳉** (2012) | Conservation Fisheries, Knoxville, Tennessee conservationfisheries.org
276–277: **马岛獴** (2015) | Omaha's Henry Doorly Zoo and Aquarium, Omaha, Nebraska omahazoo.com
278: **达科塔弄蝶** (1996) | Minnesota Zoo, Apple Valley, Minnesota mnzoo.org
279: **葛氏巨蜥** (2007) | Los Angeles Zoo, Los Angeles, California lazoo.org
280: **皱盔犀鸟** (2018) | Houston Zoo, Houston, Texas houstonzoo.org
280: **凤冠火背鹇** (2016) | Houston Zoo, Houston, Texas houstonzoo.org
280: **古氏树袋鼠** (2014) | Melbourne Zoo, Melbourne, Australia zoo.org.au/melbourne
281: **灰长臂猿** (2008) | Miller Park Zoo, Bloomington, Illinois mpzs.org
281: **黑斑犀鸟** (2018) | Jurong Bird Park, Singapore birdpark.com.sg
281: **婆罗洲须猪** (2016) | Gladys Porter Zoo, Brownsville, Texas gpz.org
281: **盔犀鸟** (2018) | Penang Bird Park, Perai, Malaysia penangbirdpark.com.my
282–283: **非洲草原象** (2008) | Cheyenne Mountain Zoo, Colorado Springs, Colorado cmzoo.org
284–285: **牙买加虹蚺** (1996) | Private Collection
286–287: **猪獾** (2015) | Night Safari, Singapore nightsafari.com.sg
288: **努比亚羱羊** (2008) | Dallas Zoo, Dallas, Texas dallaszoo.com
289: **蓝头鸦** (2016) | University of Nebraska-Lincoln, Lincoln, Nebraska unl.edu
290–291: **萨拉辛睫角守宫** (2010) | Saint Louis Zoo, St. Louis, Missouri stlzoo.org
292: **秘鲁夜猴** (2017) | Dallas World Aquarium, Dallas, Texas dwazoo.com
293: **西里伯斯鹿豚** (2016) | Los Angeles Zoo, Los Angeles, California lazoo.org
294–295: **大犰狳** (2019) | Zoológico de Brasília, Candangolândia, Brazil www.

zoo.df.gov.br
296–297: 黑头角雉 (2016) | Himalayan Nature Park, Kufri, India hnpzookufri.org
298–299: 马略卡产婆蟾 (2008) | London Zoo, London, England zsl.org
300–301: 印度犀 (2008) | Fort Worth Zoo, Fort Worth, Texas fortworthzoo.org
302–303: 湖虹银汉鱼 (1996) | Newport Aquarium, Newport, Kentucky newportaquarium.com
304–305: 华丽豹蛱蝶 | Minnesota Zoo, Apple Valley, Minnesota mnzoo.org
306–307: 大食蚁兽 (2013) | Caldwell Zoo, Tyler, Texas caldwellzoo.org
308: 凤头黄眉企鹅 (2018) | Omaha's Henry Doorly Zoo and Aquarium, Omaha, Nebraska omahazoo.com
309: 奥卡里托褐几维鸟 (2017) | West Coast Wildlife Centre, Franz Josef, New Zealand wildkiwi.co.nz
310–311: 大熊猫 (2016) | Zoo Atlanta, Atlanta, Georgia zooatlanta.org
312–313: 巴克利玻璃蛙 (2008) | Balsa de los Sapos, Catholic University, Quito, Ecuador bioweb.puce.edu.ec
314: 墨西哥蚓螈 (2008) | Tennessee Aquarium, Chattanooga, Tennessee tnaqua.org
315: 库达海马 (2012) | Children's Aquarium, Dallas, Texas childrensaquariumfairpark.com
316–317: 兔耳袋狸 (2015) | Dreamworld, Coomera, Australia dreamworld.com.au
318–319: 马来鳄 (2011) | San Antonio Zoo, San Antonio, Texas sazoo.org
320–321: 考拉 (2014) | Australia Zoo, Beerwah, Australia australiazoo.com.au
322: 鬃尾袋鼬 (2008) | Plzeň Zoo, Plzeň, Czech Republic zooplzen.cz
323: 暗色丛林袋鼠 (2015) | Plzeň Zoo, Plzeň, Czech Republic zooplzen.cz
324–325: 大草原松鸡 (2016) | San Antonio Zoo, San Antonio, Texas sazoo.org
326: 白眶绒鸭 (2018) | Cincinnati Zoo, Cincinnati, Ohio cincinnatizoo.org
326: 虎鲸 (2017) | SeaWorld, Orlando, Florida seaworld.com/orlando
326: 北极海鹦 (2018) | National Aquarium, Baltimore, Maryland aqua.org
327: 斑海豹 (2015) | Alaska SeaLife Center, Seward, Alaska alaskasealife.org
327: 太平洋海象 (2014) | Ocean Park Hong Kong, Aberdeen, Hong Kong oceanpark.com.hk
327: 北极狐 (2014) | Great Bend-Brit Spaugh Zoo, Great Bend, Kansas greatbendks.net/84/zoo
327: 驯鹿 (2015) | Miller Park Zoo, Bloomington, Illinois mpzs.org
328–329: 安第斯红鹳 (2016) | Zoo Berlin, Berlin, Germany zoo-berlin.de
330: 东方盘羊乌兹别克斯坦亚种 (2008) | Berlin Tierpark, Berlin, Germany tierpark-berlin.de
331: 菲律宾棕鹿 (2014) | Crocolandia Foundation, Talisay City, Philippines crocolandia.weebly.com
332–333: 珀迪多基灰背鹿鼠 (2016) | Kissimmee Prairie Preserve State Park, Okeechobee, Florida floridastateparks.org
334–335: 菲律宾斑帆蜥 (2007) | Omaha's Henry Doorly Zoo and Aquarium, Omaha, Nebraska omahazoo.com
336–337: 蓝腿波索虾 (2011) | Shrimp Fever, Scarborough, Canada shrimpfever.com
338–339: 河马 (2016) | San Antonio Zoo, San Antonio, Texas sazoo.org
340: 亚洲黑熊 (2016) | Kamla Nehru Zoological Garden, Kankaria, India ahmedabadzoo.in
341: 熊狸 (2016) | Great Bend-Brit Spaugh Zoo, Great Bend, Kansas greatbendks.net/84/zoo
342–343: 红嘴巨嘴鸟 (2016) | Jaime Duque Park, Cundinamarca, Colombia parquejaimeduque.com
342–343: 黄嘴峰巨嘴鸟 (2016) | Jaime Duque Park, Cundinamarca, Colombia parquejaimeduque.com
344–345: 印度野牛东南亚亚种 (2016) | Phnom Tamao Wildlife Rescue Center, Tro Pang Sap, Cambodia wildlifealliance.org/wildlife-phnom-tamao
346: 灰头狐蝠 (2008) | Australian Bat Clinic, Advancetown, Australia australianbatclinic.com.au
347: 山魈 (2008) | Gladys Porter Zoo, Brownsville, Texas gpz.org
348–349: 加氏袋狸 (2014) | Healesville Sanctuary, Healesville, Australia zoo.org.au/healesville
350–351: 灰镖鲈 (2011) | Conservation Fisheries, Knoxville, Tennessee conservationfisheries.org
352: 库克海峡巨沙螽 (1996) | Zealandia, Wellington, New Zealand visitzealandia.com
353: 棱皮龟 (2013) | Bioko Island, Equatorial Guinea
354–355: 翎冠鹦鹉 (2016) | Loro Parque Foundation, Punta Brava, Spain loroparque-fundacion.org
356–357: 雪豹 (2016) | Miller Park Zoo, Bloomington, Illinois mpzs.org
358: 爪哇乌叶猴 (2008) | Taman Safari, Indonesia tamansafari.com
359: 戴安娜长尾猴 (2008) | Omaha's Henry Doorly Zoo and Aquarium, Omaha, Nebraska omahazoo.com
360–361: 秃鹮 (2016) | Houston Zoo, Houston, Texas houstonzoo.org
362: 非洲金猫 (2014) | Park Assango, Libreville, Gabon facebook.com/parcassango.animalsworld
362: 小红鹳 (2018) | Cleveland Metroparks Zoo, Cleveland, Ohio clevelandmetroparks.com/zoo
362: 刚果孔雀 (2016) | Saint Louis Zoo, St. Louis, Missouri stlzoo.org
363: 倭黑猩猩 (2016) | Columbus Zoo, Columbus, Ohio columbuszoo.org
363: 肉垂鹤 (2018) | Omaha's Henry Doorly Zoo and Aquarium, Omaha, Nebraska omahazoo.com
363: 非洲狭吻鳄 (2013) | Private Collection
363: 霍加狓 (2015) | White Oak Conservation Center, Cincinnati, Ohio whiteoakwildlife.org
364: 黄腿陆龟 (1996) | Kansas City Zoo, Kansas City, Missouri kansascityzoo.org
365: 黄色盘珊瑚 (2008) | Akron Zoo, Akron, Ohio akronzoo.org
366–367: 佛罗里达真蝠 (2015) | Private Collection
368: 蓝眼凤头鹦鹉 (2018) | Jurong Bird Park, Singapore birdpark.com.sg
369: 阿尔塞多火山象龟 (2015) | Oklahoma City Zoo, Okalhoma City, Oklahoma okczoo.org
370–371: 西部眼镜猴 (2008) | Taman Safari, South Jakarta, Indonesia tamansafari.com
372–373: 非洲豹 (2015) | Alabama Gulf Coast Zoo, Gulf Shores, Alabama alabamagulfcoastzoo.org
374: 眼镜熊 (2016) | Jaime Duque Park, Cundinamarca, Colombia parquejaimeduque.com
375: 银绒毛猴 (2008) | Piscilago Zoo, Bogotá, Colombia piscilago.co/zoologico
376–377: 马赛长颈鹿 (2016) | Houston Zoo, Houston, Texas houstonzoo.org
378–379: 印度星龟 (2015) | Taronga Zoo, Sydney, Australia taronga.org.au
380–381: 秘鲁角蛙 (2018) | Centro Jambatu, Quito, Ecuador anfibiosecuador.ec
382–383: 小绒鸭 (2018) | Alaska SeaLife Center, Seward, Alaska alaskasealife.org
384–385: 云豹 (2016) | Houston Zoo, Houston, Texas houstonzoo.org
386: 刚地梳趾鼠 (2015) | Budapest Zoo & Botanical Garden, Budapest, Hungary zoobudapest.com/en
387: 华丽翎鹑 (2018) | Omaha's Henry Doorly Zoo and Aquarium, Omaha, Nebraska omahazoo.com
389: 倭黑猩猩 (2016) | Ape Cognition and Conservation Initiative, Des Moines, Iowa apeinitiative.org
396: 苏门答腊犀 (2008) | Cincinnati Zoo, Cincinnati, Ohio cincinnatizoo.org

自 1888 年起，美国国家地理学会已资助了全世界 13 000 多个研究、探险和保护项目。美国国家地理官方网址为 nationalgeographic.com/join。

苏门答腊犀（*Dicerorhinus sumatrensis sumatrensis*），极危

更多信息见 122-123 页